NIHAO KONGLONG

你好，恐龙

迈克斯 编 著

四川少年儿童出版社

图书在版编目（CIP）数据
你好，恐龙 / 迈克斯编著. — 成都 ： 四川少年儿童出版社，2025. 3. — ISBN 978-7-5728-0081-8
Ⅰ. Q915.864-49
中国国家版本馆CIP数据核字第2025HA9152号

出 版 人：余 兰
项目统筹：高海潮 姚 峰
责任编辑：刘 丹
设计制作：迈克斯传媒
责任校对：曹莉华
责任印制：李 欣

你好，恐龙　　迈克斯 编著

出　版：四川少年儿童出版社
地　址：成都市锦江区三色路238号
网　址：http://www.sccph.com.cn
网　店：http://scsnetcbs.tmall.com
经　销：新华书店
印　刷：佛山市华禹彩印有限公司
书　号：ISBN 978-7-5728-0081-8

成品尺寸：285mm×210mm
开　本：16
印　张：12
字　数：240千
版　次：2025年6月第1版
印　次：2025年6月第1次印刷
定　价：98.00元

若发现印装质量问题，请及时与市场营销部联系调换。
地　址：成都市三色路238号新华之星A座23层四川少年儿童出版社市场营销部
邮　编：610031　咨询电话：028-86259237　86259232

前　言

让我们携手展开一次奇幻之旅，穿越时空的长河，来到遥远的中生代时期，探索那些已经灭绝的传奇生物——恐龙和它们的家园。

在这段跨越亿万年的冒险旅程中，我们会看到满目苍翠的森林里，威猛的暴龙正张开血盆大口，发出震慑山河的吼声；我们会看到辽阔的大草原上，成群结队的三角龙奔跑迁徙；我们会看到参天大树之间，梁龙高高地昂起长颈，在晨曦的光辉中优雅地享用树上的嫩叶……这些传奇生物曾在远古的地球上繁衍生息亿万年，见证了山脉的抬升、海洋的变迁、气候的跌宕起伏，最终沉寂于那场突如其来的灾难。

沧海桑田，地球表面已然蜕变成了另一番模样，然而，每当我们翻开这本书，丰富绚烂的想象就会涌现，仿佛为早已灭绝的生命注入活力，我们也得以穿越时空，探秘它们起源、繁衍和灭绝的故事。

出发吧！那个遥远的世界在召唤我们，那里的无尽秘密在等待我们去挖掘！

目　录

认识恐龙

恐龙，一类古老而又神秘的生物，它们在地球上生存了约1.6亿年，被称为“陆地上最成功的生物”。当你看到它们巨大的骨骼化石和锋利的牙齿化石时，会不由得感叹大自然的力量。

名字的由来

英国古生物学家理查德·欧文

你知道“恐龙”这个名字是怎么来的吗?当科学家们最早发现恐龙化石时，被这些巨大生物的身体和可怕的牙齿吓了一大跳!随后，他们对这些收集到的化石进行了大量的研究和分析，此类研究在科学界掀起了一阵热潮。1842年，英国古生物学家理查德·欧文首次给这些新发现的生物命名为“Dinosaur”，意思是“蜥蜴类爬行动物的独特族或亚目”，翻译成中文就是“恐龙”。

生活在白垩纪晚期的暴龙是最为人熟知的恐龙之一

速记恐龙识别法

要判断一种动物是不是恐龙，我们可以通过以下几个要点。

首先，确定生存年代。恐龙都生活在中生代的三叠纪到白垩纪，这一点可以区分它和其他时期的动物。

其次，考察它的生存环境。恐龙主要生活在陆地上，而水生的爬行类动物如沧龙或会飞的爬行类动物如翼龙都不属于恐龙。

然后，观察它的四肢位置。恐龙的四肢位于身体下方呈直立状，而其他爬行动物呈两侧伸展状，如恐鳄不属于恐龙。

将上述生存年代、环境、四肢的位置等要素进行综合判断，才能判断一种灭绝动物是不是恐龙。

解读恐龙的方法

恐龙早在6600万年前就灭绝了，但我们仍然可以通过研究它们留下的化石，来深入了解这些史前巨兽。

当年，许多恐龙在死后被埋藏在地层深处，经过漫长的岁月，它们坚硬的骨骼和其他生活痕迹变成了岩石般的化石，奇迹般地保存了下来。我们可以通过多种方式来研究这些线索，比如分析恐龙的蛋化石和粪化石，可以推断它们的生活习性；通过脚印化石判断恐龙的行走方式；对比不同地层的化石，可以获悉恐龙的演化过程；利用CT扫描，可以观察化石内部结构，重新建立三维模型；根据化石建立恐龙模型，使我们能更直观地还原它们的外形。当然，我们也需要运用丰富的生物学知识，来合理推测恐龙的生物特征。

古生物学家和一具巨大的恐龙骨骼化石

恐龙化石的精心发掘

当古生物学家在野外发现可能蕴含恐龙化石的地层时，必须小心地进行发掘。首先，他们会清理表面沉积，当部分化石显露时，再进行进一步处理和保护。比如用石膏制作保护壳，也叫“皮劳克”，严丝合缝地包裹化石。待石膏固定，再修掉四周围绕的岩石，获取整体化石。最后，古生物学家会用不同方法加固骨骼化石并运回实验室研究。

古生物学家正在用石膏制作保护壳

恐龙生活的时代

恐龙生活在中生代这个漫长的时期，经历了三叠纪、侏罗纪和白垩纪三个阶段。从三叠纪开始，到白垩纪结束，在长达约1.6亿年的时间里，恐龙成功地适应了环境变化，进化出形态各不相同的许多种类，成为当时陆地上最繁盛的生物。

三叠纪：恐龙的黎明时代

三叠纪约2.5亿年前开始，约2亿年前结束，持续了大概5000万年时间。

环境与气候：三叠纪时期，盘古大陆是一块从南极延伸至北极的超大陆，海岸线比今天要短得多，两极没有冰盖。那时的地球内陆气候普遍炎热干燥，极地地区湿润温和，为森林和包括爬行动物在内的脊椎动物提供了适宜的气候。

植物：在大陆上繁盛的植物有苏铁、水韭、针叶树和二叉羊齿。在北半球，针叶树繁茂，比如松柏类发展得比较好；在南半球，二叉羊齿是主要树木。

动物：原始的无尾类两栖动物开始出现。海洋中出现大型爬行动物，如鱼龙、海龙、鳍龙、楯齿龙等。三叠纪末期，出现了最早的哺乳动物。槽齿类爬行动物持续演化，各种原始恐龙开始出现，如南十字龙、始盗龙等。三叠纪为恐龙的诞生提供了优越的生存环境，这一时期是恐龙演化历史的重要起点，揭开了它们统治地球长达1.6亿年的序幕。

侏罗纪：恐龙的全盛时期

侏罗纪约2亿年前开始，约1.4亿年前结束。

环境和气候：侏罗纪时期，南美洲南部从非洲分离，劳亚大陆（其中包括北美和欧亚大陆）逐渐地从非洲和南美洲分离，欧亚大陆向南移动，北美洲和欧洲间形成了大陆边缘的海道。地球比三叠纪时拥有更多的独立陆块，海岸带增多。湿润的海风给内陆的沙漠带来雨水，全球气候比较暖和，为生命的繁衍创造了良好的条件。

植物：在温暖湿润的环境下，各类植物迅速繁殖，裸子植物达到了极盛时期，特别是苏铁类和银杏类；松柏类也占据了重要的地位，乔木和灌木混合成林，形成了一派欣欣向荣的景象。

动物：各种恐龙以难以想象的速度进化，出现了以植物为食的蜥脚类和鸟脚类恐龙，也有肉食的兽脚类恐龙。在侏罗纪中期和后期，恐龙已经成为陆地上的主宰，遍布全球各生态环境。巨大的蜥脚类恐龙发展到了鼎盛时期，成为陆地上出现过的最大的动物，如巴塔哥尼亚泰坦龙等。此外，恐龙的远亲翼龙统治天空，一些会飞的恐龙，比如始祖鸟，开始飞上蓝天，海洋中也出现了蛇颈龙等新的爬行动物。

银杏

苏铁

松柏

白垩纪：恐龙的末世时代

白垩纪约1.4亿年前开始，约6600万年前结束。

环境与气候：白垩纪时，原始的盘古大陆完全分裂，大西洋继续扩张，地中海缩窄。温暖湿润的气候促进了沼泽地的形成。到了白垩纪晚期，全球气候开始转冷。

植物：白垩纪早期，苏铁和银杏等裸子植物仍然很繁盛，被子植物开始出现。到了白垩纪晚期，被子植物迅速崛起，成为优势植物，如木兰、梧桐、白桦、棕榈等。

动物：由于板块运动，出现大量地域性动物群。爬行类仍占优势，鸟类不断进化，原始有袋类和有胎盘的真兽类哺乳动物出现，海洋类群非常丰富，大型真骨鱼和鲨鱼繁盛的同时，以沧龙为代表的海生爬行动物依然存在。恐龙等许多生物在白垩纪晚期突然灭绝，只有极少数爬行类逃过一劫。

恐龙灭绝之谜

恐龙在地球上生存了近1.6亿年后，于白垩纪晚期突然灭绝，结束了它们的演化历史。恐龙的消亡给了其他物种生存的空间，哺乳动物得以快速繁衍和演化。尽管这次生物大灭绝突然而残酷，但从更长远的视角看，它改写了地球的生命史，开启了新的生物演化纪元，奠定了今天生物圈的基础。

关于恐龙灭绝的原因，科学界提出了上百种说法，但至今仍是未能解开的谜团，下面是目前主流的几种假说。

小行星撞击说

小行星撞击说被广泛认为是最有说服力的假说之一。该假说认为，约6600万年前，一颗小行星撞击了地球，释放的能量超过百万亿吨TNT当量，在地球表面掀起了大火与浓密的烟尘。烟尘遮蔽了阳光，植被因无法进行光合作用而死亡，恐龙和其他依赖植物的动物也因食物链断裂而迅速灭绝。随后，地球进入了一个漫长的冰川时期。

气候变迁说

气候变迁确实对恐龙的灭绝产生了一定的影响。气候从温暖湿润向干燥寒冷的转变，可能使某些恐龙物种难以适应。虽然气候变迁所需的时间较长，但依然足以对生物圈产生剧烈而持久的影响。

大陆漂移说

板块运动导致的大陆漂移也可能改变物种的生存环境。这一地质变化所需的时间很长，不太可能是恐龙灭绝的决定性因素。

中毒说和酸雨说

白垩纪晚期，含有毒素的被子植物成为主要植物，大型植食性恐龙吃后中毒死亡，肉食性恐龙最终也因食物缺乏而灭绝。还有科学家推测白垩纪晚期突然出现酸雨，溶解了土壤中的微量元素如锶，导致植物大量死亡，恐龙因食物短缺而灭绝。

恐龙的分类

根据体形、习性及解剖结构的不同，恐龙可以分为多种类型。现在最常见的是按照骨盆（腰带）结构分类，恐龙可以分为两大类：蜥臀目和鸟臀目。可以说，寻找盆骨化石是挖掘恐龙化石中最重要的工作之一。

蜥臀目

蜥臀目恐龙的骨盆从侧面看是三叉形的，耻骨在肠骨下方向前延伸，坐骨则向后延伸，与蜥蜴类相似。

蜥臀目以蜥脚类和兽脚类为代表。

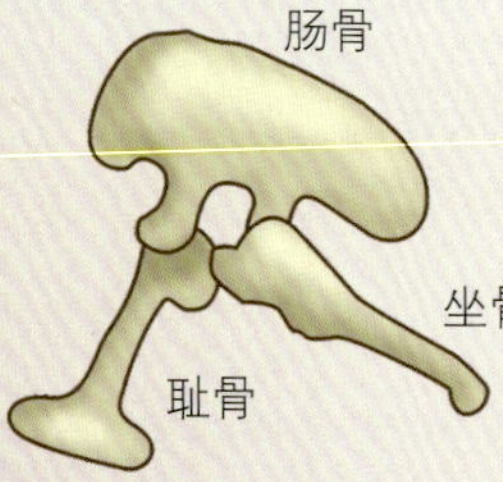

蜥臀目骨盆构造

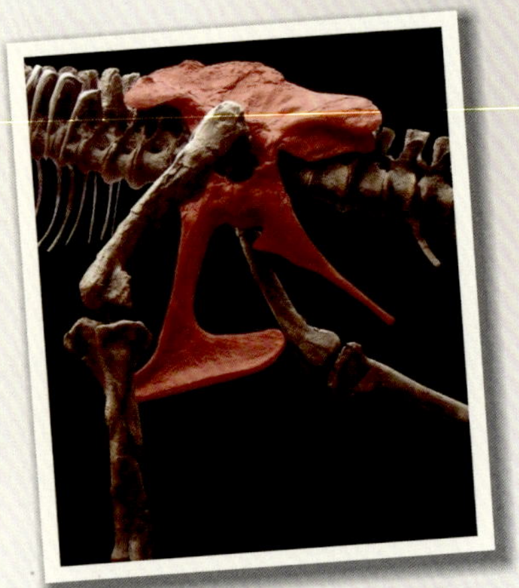
暴龙骨盆显示蜥臀目结构

蜥脚类

蜥脚类是从原蜥脚类演化而来的一类恐龙，它们主要生活在侏罗纪和白垩纪，绝大多数都是巨型的植食性恐龙。

特征：这类恐龙的头小，脖子和尾巴很长，牙齿呈小匙状。

代表：在中国新疆、甘肃、四川和云南等地发现的马门溪龙，它们的脖子由17~19节颈椎组成。

马门溪龙

暴龙

兽脚类

兽脚类生活在三叠纪晚期至白垩纪，大都是肉食性恐龙。

特征：它们用两足行走，趾端长有锐利的爪子；嘴长着匕首或小刀一样的利齿，牙齿前后缘常有锯齿。

代表：暴龙、巨齿龙。

鸟臀目

鸟臀目恐龙的骨盆结构与现代的鸟类相似，它们的肠骨向前后方扩张；耻骨前侧有一个大的前耻骨突，伸向肠骨的下方；耻骨的后侧延伸，与坐骨平行。骨盆从侧面看是四射形的。

鸟臀目以鸟脚类、剑龙类、甲龙类、角龙类和肿头龙类为代表。

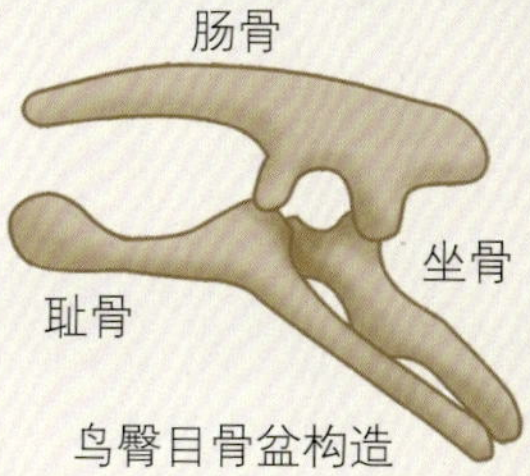

鸟臀目骨盆构造

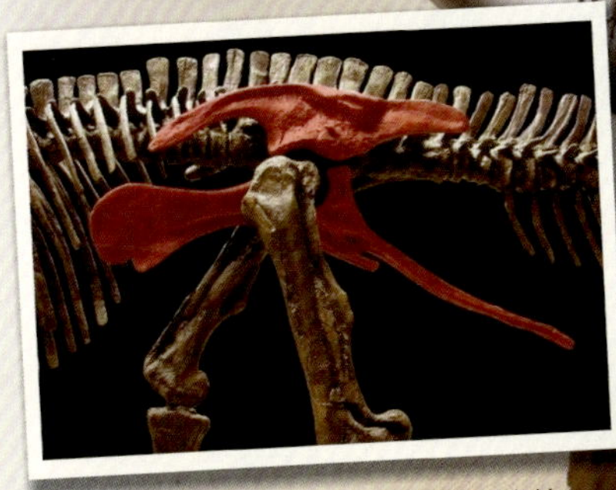
埃德蒙顿龙骨盆显示鸟臀目结构

鸟脚类

鸟脚类恐龙是整个恐龙中发现化石最多的一个类群。它们生活在三叠纪晚期至白垩纪，全是植食性恐龙。

特征：它们用两足或四足行走；下颌骨有单独的前齿骨，牙齿仅生长在颊部，上颌牙齿齿冠向内弯曲，下颌牙齿齿冠向外弯曲。

代表：木他龙。

木他龙

剑龙类

剑龙类恐龙主要生活在侏罗纪中晚期到白垩纪早期，是恐龙中最先灭绝的一个大类。

特征：它们的脑袋小而低平，牙齿小而扁，前上颌骨没有牙齿；后肢长、前肢短，用四足行走；背部有直立的骨板，尾部有骨质刺棒两对。

代表：剑龙、沱江龙。

剑龙

甲龙

甲龙类

甲龙类恐龙主要出现在白垩纪，以植物为食。

特征：它们的身体低矮粗壮，全身披有骨质甲板，行动笨拙，牙齿微小，四肢较短，后肢稍长于前肢。

代表：甲龙。

角龙类

角龙类恐龙多数生活在白垩纪晚期，是四足行走的植食性恐龙。

特征：它们的头骨后部扩大成颈盾，并分叉构成角状突起，头骨上常有由鼻骨和眶后骨扩大而形成的角。

代表：三角龙。

三角龙

肿头龙

肿头龙类

肿头龙类恐龙主要生活在白垩纪。

特征：头骨肿厚，骨盆中耻骨被坐骨排挤，不参与形成髋臼。

代表：肿头龙、平头龙等。

小恐龙的出生

恐龙宝宝都是从恐龙蛋中孵化出来的，这一点与今天的鸟类非常相似。

母爱各不同

在产下蛋后，一些恐龙妈妈会挖个巢穴把蛋藏起来。过一段时间，小恐龙就会从蛋中孵化出来，开启新生活。科学家通过研究发现，有些还在巢穴里的幼小恐龙的牙齿有磨损迹象，这说明它们的母亲可能会喂养还不能独自觅食的宝宝。但是，也有一些种类的恐龙妈妈可能不会育儿，它们产下蛋后就会离开，不再关心孩子如何长大。

英国伦敦自然历史博物馆中展出的恐龙幼龙出壳的场景

大小不一的恐龙蛋

不同种类的恐龙所产的蛋大小不一，这取决于它们自身的体形。

世界上最小的恐龙蛋化石发现于日本，长45毫米、宽20毫米、重量仅有9.9克，大小与鹌鹑蛋相当，形状细长。最大的恐龙蛋化石是在我国发现的西峡巨型长形蛋，长达61厘米。1993年3月，人们在河南西峡县杨城乡境内采集到6枚长达39.3~51.6厘米的完整的巨型恐龙蛋化石。

恐龙蛋化石

恐龙蛋壳的适应性

体形越大的恐龙所产的蛋也越大，如果简单按比例放大恐龙蛋，那么大型恐龙所产的蛋的蛋壳就会变得特别厚。但是，过于厚重的蛋壳会使里面的小恐龙孵化困难。首先，太厚的蛋壳会阻挡氧气穿过蛋壳孔隙进入蛋内。如果氧气供应不足，胚胎发育会受到影响。此外，壳太厚也会增加小恐龙破壳而出的难度。

所以，尽管体形巨大，恐龙的蛋壳厚度并没有按比例增厚，而是保持在一个相对较薄的状态。这使得不同大小的恐龙蛋里的胚胎都能获得足够的氧气供应，而新生的小恐龙也有能力破壳而出，成功孵化。

恐龙的食性

小恐龙长大后就得自己觅食生存了，不同种类的恐龙所吃的食物各不相同。根据食性，恐龙大致可以分为3类：植食性、肉食性和杂食性。不同食性恐龙的存在，充分说明了史前生态系统的丰富性。

植物处理者：植食性恐龙

大多数植食性恐龙的牙齿又平又直，没有锯齿，只能进行咀嚼而无法撕裂食物。它们主要取食树叶、草等。由于许多植物较为粗糙和坚韧，不易咀嚼吞咽，植食性恐龙进化出了各种食物处理结构和行为，以更好地消化这类植物。有些植食性恐龙会直接吞食植物再通过肠胃发酵消化，有些则会故意吞入石头来帮助磨碎植物。不同的进食策略，体现了植食性恐龙对环境的高度适应性。

梁龙

多刺甲龙

强悍的掠食者：肉食性恐龙

肉食性恐龙的头部通常较大，拥有血盆大口和锋利的牙齿。它们的牙齿呈匕首状，边缘有锯齿，可以有效咬住和撕裂猎物。它们除了捕食其他恐龙，偶尔也会吃动物的尸体。肉食性恐龙身体强健有力，用两足站立、行走，奔跑速度极快。

冰脊龙

似鸟龙

广食利用者：杂食性恐龙

杂食性恐龙的食谱范围非常广泛，既包含植物，也捕食昆虫、蛋和小型动物。在已知的恐龙种类中，纯粹的杂食性恐龙较为少见，似鸟龙类恐龙是较有代表性的杂食性恐龙之一。似鸟龙可以利用各类食物资源，不局限于某一类食物，对环境变化的适应性较强，使它能够在食物较为匮乏的环境下生存下去。

三叠纪晚期恐龙

南十字龙

南十字龙是已知最古老的恐龙之一，生活在三叠纪晚期。它的化石于1970年被美国古生物学家在巴西发现。当时在南半球发现的恐龙很少，所以古生物学家用南半球才能明显看到的南十字星来给它命名。

南十字龙的发现帮助我们更好地了解三叠纪晚期南半球的生态环境是什么样子的。

南十字龙最特别的是它的前后掌都有5指，这是早期恐龙的特征

身世原来如此复杂

南十字龙的骨骼很像蜥脚类恐龙，所以古生物学家早期把它看成是蜥脚类恐龙的祖先，但后来在美国亚利桑那州发现了一种更古老的蜥脚类恐龙化石，这意味着蜥脚类恐龙的出现比南十字龙更早。

进一步研究发现，南十字龙其实更接近始盗龙和埃雷拉龙这样的兽脚类恐龙，它的身世远比古生物学家之前想的复杂得多。

时代：三叠纪晚期
家族：蜥臀目兽脚类
主要分布：巴西
体长：约2米
食性：肉食性

身高1.8米男子 *

*：全书此类示意图中的人物皆为身高1.8米男子

牙齿和下颌揭示食性

南十字龙口中的牙齿很尖锐，像刀刃一样。这说明南十字龙是肉食性恐龙。

南十字龙的下颌可以上下左右移动，当咬住猎物后，南十字龙可以通过上下摆动下颌，把撕碎的猎物向后推送到喉咙吞咽下去。

其他早期的兽脚类恐龙也有类似的下颌，但是后来的大型兽脚类恐龙就没有这种结构了，可能是因为它们的体形巨大，可以直接吞咽较大的猎物，所以不再需要这种额外的结构来帮助吞咽。

上下颌的牙齿很尖锐

根据南十字龙的腿骨推测，它可以快速奔跑

南十字龙的发现

南十字龙是由古生物学家内德·科尔伯特首次描述的。到现在为止，仅发现了一种南十字龙，这就是普氏南十字龙。

南十字龙还有其他亲戚。例如，1985年被发现和命名的钦迪龙，它的化石发现于美国亚利桑那州和新墨西哥州与普氏南十字龙年代相近的地层中。

南十字龙的骨骼化石装架*

*：装架指将恐龙化石与人造模型按恐龙生前姿态科学组装起来。

始盗龙

阿根廷西北部的伊斯巨拉斯托盆地因其酷似月球表面的地貌景观又被称为“月亮谷”。三叠纪晚期，这里曾是温暖湿润、植被繁茂的河谷，如今已变得荒芜。

1991年，古生物学家在这个死寂的盆地里发现了始盗龙的化石。始盗龙的名字意为“破晓时的掠食者”，古生物学家认为始盗龙是蜥脚类和兽脚类恐龙的最近共同祖先。

始盗龙的头骨化石

一只始盗龙的躯干与上肢化石，从土壤中露出

偶然的大发现

1991年，一个美国和阿根廷的联合考察组在阿根廷西北部的伊斯巨拉斯托盆地进行考察。一位队员在路边乱石堆里发现了一个近乎完整的头骨化石，于是考察组对周边进行了全面挖掘，随后，一具较为完整的恐龙骨骼化石被挖掘出土！经过分析，这个化石展示出许多新奇的特征，这意味着他们发现了一个全新的恐龙品种，科学家将这种新恐龙命名为“始盗龙”。

恐龙先驱的特征

始盗龙的一些特征表明，它是地球上最早出现的恐龙之一。始盗龙的前肢有5指，而后来出现的肉食性恐龙的指数趋于减少，最后的霸王龙只剩2指。恐龙脊椎的分区为颈-背-腰-荐-尾，荐部的脊椎称为“荐椎”。始盗龙只有3块荐椎，而更原始的埃雷拉龙只有2块荐椎，但后来出现的恐龙的荐椎数量有增加的趋势。

恐龙演化的线索

始盗龙的牙齿非常特别，前面的牙齿呈植食性恐龙的树叶状，后面的牙齿呈肉食性恐龙的锯齿状。通过研究始盗龙的牙齿，科学家推断恐龙起初可能是杂食动物，后来才演化成植食性和肉食性两大类。

始盗龙就是恐龙向肉食性演化的一个典型代表，它可以帮助我们更多地了解恐龙的演化历史。

始盗龙的头骨模型

时代：三叠纪中晚期

家族：蜥臀目蜥脚类或兽脚类

主要分布：阿根廷

体长：约1米

食性：杂食性

埃雷拉龙

埃雷拉龙又称黑瑞龙，是最古老的恐龙之一，生活在2.3亿年前，是奔跑速度相当快的两足肉食性恐龙。埃雷拉龙与后来的肉食性恐龙有许多相同之处，比如它有尖锐的牙齿、巨大的爪和强有力的后肢。虽然在恐龙王国里埃雷拉龙的个头并不算大，但比现在陆地上最大的食肉猛兽——狮子和老虎大多了。

最早发现的埃雷拉龙完整头颅骨

头部结构

埃雷拉龙头骨低平，牙齿呈锐利锯齿状。它的头部从头顶往口鼻部逐渐变细，鼻孔较小。埃雷拉龙的下颌有一个灵活的关节，可以前后滑动以咬住猎物。这在其他恐龙中并不常见，但在一些蜥蜴中存在。另外，埃雷拉龙耳朵里的听小骨较为发达，推测它可能具有敏锐的听觉。

食谱与捕猎方式

埃雷拉龙的前肢有爪，可以紧抓猎物；后肢较长，机动性强。这些都说明埃雷拉龙是个敏捷灵活的猎手。据推测，小型的植食性恐龙以及其他类似鳄鱼的爬行动物、蜻蜓等昆虫都会成为埃雷拉龙的猎物。

捕猎时，埃雷拉龙会用弯曲而尖锐的牙齿或有力的爪子给猎物致命一击，捕猎成功后它会迅速离开，以避开体形较大的掠食者的抢夺。

时代：三叠纪中晚期　体长：3~6米
家族：蜥臀目兽脚类　食性：肉食性
主要分布：阿根廷

恐龙同源的依据

通过研究，古生物学家发现埃雷拉龙和南美洲三叠纪中晚期的其他恐龙如南十字龙、钦迪龙等具有相似的臀部骨骼结构，这说明它们之间存在血缘关系，也为恐龙同一起源说提供了重要依据。

腔骨龙

腔骨龙是已知最早的恐龙之一，出现于三叠纪晚期。它的名字的意思是“空心的骨骼”，取自这种恐龙具有的空心的四肢骨骼。作为早期恐龙的佼佼者，腔骨龙的大量化石为我们研究恐龙的起源和演化提供了宝贵线索。

腔骨龙骨骼

外形特征

腔骨龙是典型的两足行走的动物，后肢类似鸟类，强壮有力，适于奔跑。它的身体纤细轻盈，四肢骨骼中空，这些都说明它非常善于奔跑。它的头部细长狭窄，有尖利锯齿状牙齿，充分体现了它的高度肉食性。

可能的食物

在三叠纪晚期，恐龙并不在食物链的顶端，占据主导地位的是早期的大型爬行动物，如劳氏鳄。像腔骨龙这样的早期肉食恐龙依靠它们的速度和敏捷来捕捉各种各样的动物，比如昆虫和小型爬行动物。腔骨龙锋利的牙齿和有力的爪子可以帮助它抓住并杀死猎物。

同类相食的争议

幽灵牧场著名的腔骨龙采石场

人们在美国新墨西哥州幽灵牧场发掘的腔骨龙化石的腹部发现了一些幼年腔骨龙化石，这曾被研究人员解释为腔骨龙有同类相食的习性。但是，2002年的一项研究反驳了这种说法，指出所谓的“幼年腔骨龙”实际上是黄昏鳄等小型伪鳄类动物，因此没有证据证明腔骨龙会同类相食。

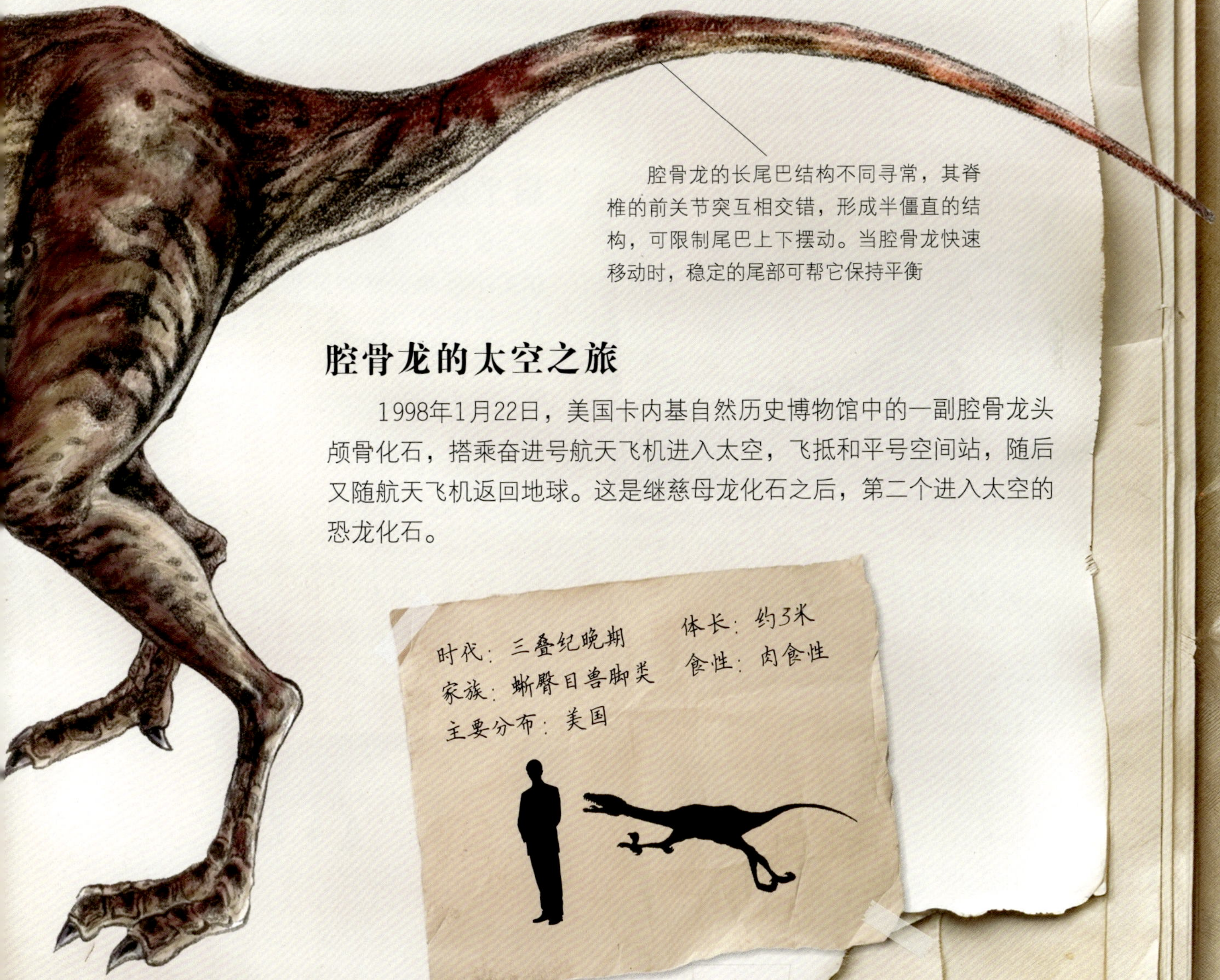

腔骨龙的长尾巴结构不同寻常，其脊椎的前关节突互相交错，形成半僵直的结构，可限制尾巴上下摆动。当腔骨龙快速移动时，稳定的尾部可帮它保持平衡

腔骨龙的太空之旅

1998年1月22日，美国卡内基自然历史博物馆中的一副腔骨龙头颅骨化石，搭乘奋进号航天飞机进入太空，飞抵和平号空间站，随后又随航天飞机返回地球。这是继慈母龙化石之后，第二个进入太空的恐龙化石。

时代：三叠纪晚期　　体长：约3米
家族：蜥臀目兽脚类　　食性：肉食性
主要分布：美国

板 龙

板龙是生活在地球上的第一种巨型植食性恐龙，在它之前最大的食草类动物只有一头猪那么大。板龙的身躯庞大，长着很长的颈部和尾巴，身体有一辆公共汽车那么长。板龙比雷龙、腕龙、梁龙等大型蜥脚类恐龙更为原始。

板龙的头骨

身体特征

板龙的身体呈筒状，头部细小而狭窄，口鼻部较厚。它的后肢粗长，前肢虽然短小，但非常健壮有力，手部非常适宜抓握。板龙只能用两足行走，直立时高达3米。

板龙的尾巴由至少14个尾椎构成，能让身体保持平衡

德国图宾根大学地质研究所博物馆展出的板龙骨骼化石装架

扁平的牙齿

板龙的颌骨上长有许多树叶状的小牙齿，这些牙齿又扁又平，边缘有一些小锯齿。这些小锯齿虽然可以帮助板龙撕咬植物，但难以咀嚼。

灵活的爪子

在板龙粗壮的前肢上长有5根长短不一的指，外侧的两根较短，中间的两根较长，粗大的第1指能够自由活动，上面长有一个顶端尖利的爪。板龙的前肢爪可能用于防御敌害或抓握食物。还有观点认为板龙的防御能力很低，遇到敌害时依靠强壮的后肢迅速逃跑。

时代：三叠纪晚期
家族：蜥臀目蜥脚类
主要分布：法国、瑞士、德国
体长：6~10米
食性：植食性

群居生活

板龙化石常成批出土，表明它们像现代的大象和河马一样，成群生活。由于体形巨大导致散热不易，板龙会在旱季向海边集体迁徙。迁徙时，它们也许会穿越沙漠，如果中途迷路，很可能因缺水导致集体死亡。

仍然站立的板龙

在欧洲中部三叠纪晚期的一个岩层的采石场里，曾经挖掘出了数十具板龙骨架化石。许多板龙化石保留了完整、直立的大腿骨。科学家推测这些板龙可能在生前陷入淤泥中，死后仍保持站立姿态。这一发现为研究板龙的生存环境和三叠纪地层沉积过程提供了珍贵信息。

板龙的头颈、上肢骨骼

当板龙想要取食树高处的叶子时，会用后肢支撑身体，前肢攀爬着树干，并用弯曲的指勾住树叶送进嘴里

黑水龙

黑水龙是生活在三叠纪的一种植食性恐龙，也是已知最古老的恐龙之一。它是巴西古生物学家于1998年在巴西南部的一个地质公园的晚三叠纪地层中发现的。因为它的发现地被称为“黑水流淌的地方”，所以它被命名为“黑水龙”。

化石保存良好

黑水龙的化石是最完整的恐龙化石之一，包含一个几乎完整的头颅骨，以及身体的部分骨骼，而且大部分的骨骼仍处于连接状态。

时代：三叠纪晚期　　体长：约2.5米
家族：蜥臀目蜥脚类　　食性：植食性
主要分布：巴西

虽遥远，却相似

黑水龙的体形较小，体长不到3米，其骨骼结构与生活在遥远欧洲的板龙极为相似，是板龙的近亲，这说明在三叠纪的盘古大陆上，没有明显的地理隔阂，恐龙能够在大陆上广泛迁徙。

槽齿龙

槽齿龙是生活在三叠纪晚期的一种植食性恐龙。槽齿龙由英国博物学家山缪·斯塔奇伯里与亨利·赖利在1836年命名，它的化石大部分被发现于南英格兰与威尔士的三叠纪地层中。

身体特征

槽齿龙头部较小，颈部长，前肢比后肢短。其尾巴很长，比头、颈、身体的总和还要长。前肢有5指，后肢有5趾。对其前肢和后肢肌肉的最新研究表明，槽齿龙是两足恐龙。

因牙齿得名

槽齿龙有较多的牙齿，它的牙齿呈树叶状，有锯齿状边缘，并且位于牙槽内，这也是它名称的来源。

快速奔跑

槽齿龙的奔跑速度极快。它极佳的奔跑能力表明它很适合高速冲刺，这可能是为了躲避捕食者。

后肢比前肢长，尾巴很长

鼠龙

鼠龙是生活在三叠纪晚期的植食性恐龙，名字的意思是“像老鼠的爬行动物”。古生物学家曾认为这些可以捧在掌心的恐龙骨骼化石是世界上最小的恐龙，而随着更多化石的出土，他们发现最初的化石来自于幼年阶段的鼠龙，因此“鼠龙”这个名字已不那么合适了。

时代：三叠纪晚期　体长：约6米

家族：蜥臀目蜥脚类　食性：植食性

主要分布：阿根廷

惊人的成长变化

1979年，古生物学家在挖掘鼠龙化石时，发现了一窝包含五六具鼠龙幼龙的骨骼化石。这些幼龙的头部、眼睛和四肢的比例远大于身体其他部位，而这些部位正是幼龙发育最快的地方。这些幼龙身长只有约20厘米，与一只小猫差不多大小，而且没有尾巴。

起初古生物学家们以为鼠龙就是这样微小，但后来发现，成年鼠龙体长可达6米。他们意识到，鼠龙从幼体到成体会发生巨大的身体变化，这对研究恐龙的生长发育过程具有重要意义。

尚未破壳而出的鼠龙化石

鼠龙化石的发掘现场

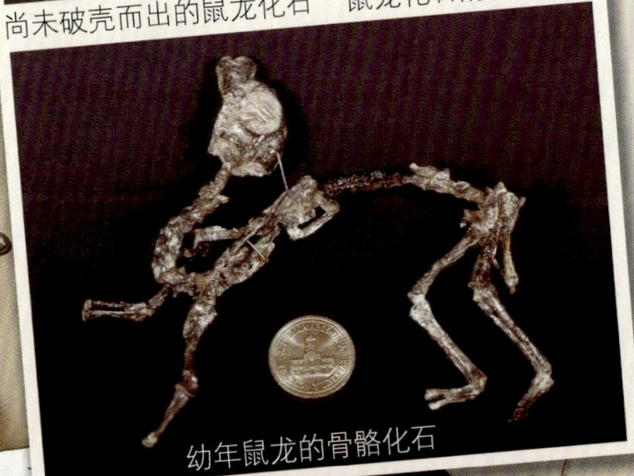

幼年鼠龙的骨骼化石

跳 龙

跳龙又名跳足龙，名字的意思是“跳跃的脚”，是生活在三叠纪晚期的一种小型肉食性恐龙，它凭借快速的跳跃技能，成为恐龙中的“小个子杀手”。

时代：三叠纪晚期
家族：未明确
主要分布：英国
体长：约0.6米
食性：肉食性

小而快的猎食者

跳龙体形小巧，和猫差不多大。跳龙有类似鸟类的中空骨头，体重很轻，所以能敏捷地奔跑。它可能以昆虫和小型脊椎动物为食。

分类之谜

由于目前发现的跳龙化石只有部分骨骼，古生物学家对跳龙的分类一直存在争议。有些古生物学家认为跳龙是某些恐龙如腔骨龙或原细颚龙的未成年体；有些古生物学家认为跳龙更接近兔鳄，不是恐龙；有些古生物学家认为跳龙比兔鳄更像恐龙，但比恐龙更原始。

理理恩龙

理理恩龙是腔骨龙超科中的一属，是三叠纪晚期的肉食性恐龙。它是欧洲三叠纪兽脚类恐龙中最具代表性的，也是已知大型兽脚类恐龙之一。

名称的由来

理理恩龙的化石于1922年在德国被发现。发现理理恩龙的人是普鲁士贵族雨果·理理恩，他是一名医生，也是一名古生物爱好者，有很多古生物藏品。理理恩龙的学名为“Liliensternus”，正是以他的姓氏“Lilienstern”来命名的。

具有很多早期肉食性恐龙的特点，如前肢有5指，但第4和第5指已经退化缩小，而后来出现的肉食性恐龙，第4和第5指就完全不再发育了

活跃的食肉恐龙

理理恩龙是一种活跃的双足肉食恐龙，可能捕食大型植食动物，如板龙。它们利用锋利的牙齿，让猎物失去行动能力，并利用速度捕捉敏捷的鸟脚类动物。

猎食情景猜测

在长满蕨类植物和常绿树木的湖边，一只板龙正在悠闲地进食，它还没有意识到，危险正在临近，一只潜伏在附近的理理恩龙盯上了它，并慢慢靠近。吃饱的板龙来到湖边饮水，就在它喝完水准备离开时，隐藏在树丛中的理理恩龙突然蹿出来，咬住了它的脖子。板龙经过一番挣扎，倒在血泊之中，成为理理恩龙的食物。

腔骨龙超科恐龙：三叠纪的霸主

腔骨龙超科恐龙是三叠纪晚期到侏罗纪早期非常普遍存在的一类恐龙，其中最著名的有腔骨龙、理理恩龙和双脊龙。它们遍布各大陆，都是肉食性的，体形修长，有些种类头上有易碎的冠。在某些挖掘地发现了大量聚集在一起的腔骨龙超科恐龙化石，因此人们推测有些种类可能是集体生活的。可以说，腔骨龙超科恐龙是三叠纪末期到侏罗纪早期的恐龙王国的主宰。

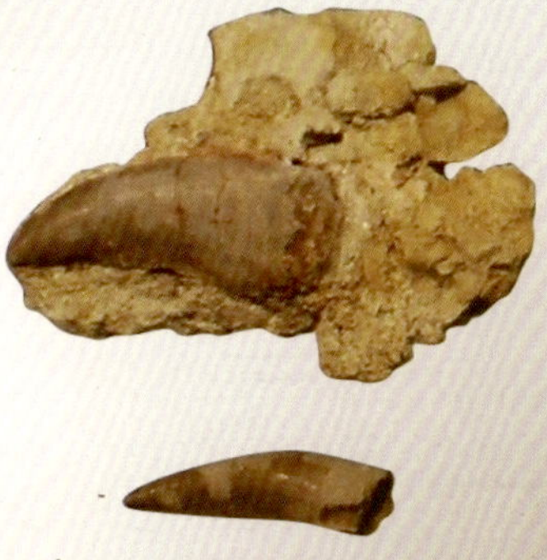

理理恩龙的牙齿化石

时代：三叠纪晚期　体长：约5米
家族：蜥臀目兽脚类　食性：肉食性
主要分布：德国、法国

侏罗纪早期恐龙

大椎龙

大椎龙又叫巨椎龙，名字的意思是“巨大的脊椎”，生活在约2亿年前到1亿8300万年前的侏罗纪早期。

英国伦敦自然历史博物馆收藏的大椎龙骨骼模型

大椎龙的胚胎化石

身体特征

大椎龙身长4~6米，头部较小，颈部长，尾巴长。前肢上有锐利的指爪，可能用来防卫和协助进食。

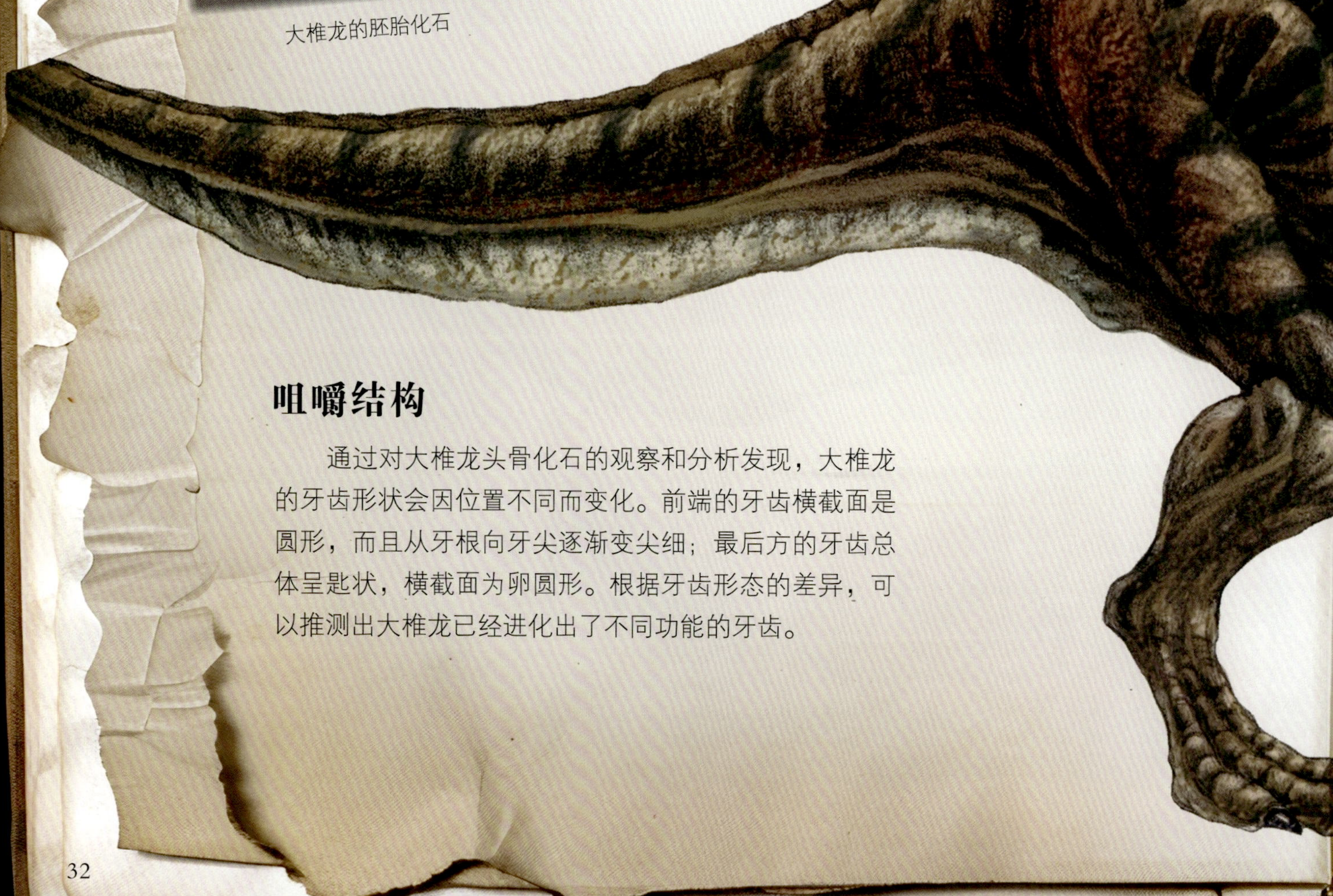

咀嚼结构

通过对大椎龙头骨化石的观察和分析发现，大椎龙的牙齿形状会因位置不同而变化。前端的牙齿横截面是圆形，而且从牙根向牙尖逐渐变尖细；最后方的牙齿总体呈匙状，横截面为卵圆形。根据牙齿形态的差异，可以推测出大椎龙已经进化出了不同功能的牙齿。

头部结构

大椎龙的头部比较小，头部有许多孔洞，这些孔洞成对排列在头部两侧，减轻了重量，也为肌肉和感觉器官提供了空间。头部前方有两个大的椭圆鼻孔，眼睛和鼻孔之间是眶前孔。

大椎龙的头骨化石

时代：侏罗纪早期
家族：蜥臀目蜥脚类
主要分布：南非
体长：4~6米
食性：植食性

禄丰龙

禄丰龙生活在侏罗纪早期，因为化石是在中国云南省禄丰县发现的，所以得名“禄丰”。禄丰龙有“中华第一龙”的称号。

禄丰龙的骨骼化石装架

素食者

禄丰龙的吻部又深又宽，它三角形的鼻孔后面有独特的骨隆起。它上颚一侧的骨脊可能有助于固定软组织。它的牙齿细小，样子像边缘有锯齿的小树叶，这便于切割植物。以上这些都是典型的植食性恐龙的特征。

许氏禄丰龙

在众多禄丰龙化石中，最具代表性的是许氏禄丰龙。许氏禄丰龙的头部较小，鼻孔呈正三角形，眼眶很大，牙齿小且呈扁平的叶状。它的前肢短，推测是两足行走。许氏禄丰龙不仅是中国发掘的最古老的恐龙之一，也是中国第一个被装架的恐龙（1941年在重庆北碚装架）。

1958年，为了庆祝禄丰龙的发现，中国发行了禄丰龙纪念邮票，禄丰龙成为世界上第一种登上邮票的恐龙

尾巴粗壮，站立时可以用来支撑身体，就像随身带着凳子一样，这种行为很像现代的袋鼠

巨型禄丰龙

目前，禄丰龙属内只有许氏禄丰龙一个有效种，巨型禄丰龙是许氏禄丰龙的后出同物异名，整体与许氏禄丰龙相似，体形比许氏禄丰龙大三分之一，身体比较笨重，后肢强壮，能直立行走，以植物为食。

禄丰龙的头骨化石

禄丰龙的命名

禄丰龙的第一具化石是由我国古脊椎动物学创始人杨钟健教授在1938年发现的。到目前为止，有十多具禄丰龙骨架分别陈列在中国科学院古脊椎动物与古人类研究所、国家自然博物馆与云南禄丰恐龙博物馆。

近蜥龙

近蜥龙生活在约1.9亿年前的侏罗纪早期，它的化石发现于美国东北部的上波特兰组的红砂岩中。近蜥龙的名称由希腊文的“接近”和“蜥蜴”结合而成。

体形较小

近蜥龙是一种体形较小的恐龙，身长仅约2米，体重27千克左右，所以它的化石最早被发现时还曾被误认为是人类的骨骼化石。

美国古生物学家奥塞内尔·查利斯·马什绘制的近蜥龙骨骼图

牙齿

与更原始的蜥脚类恐龙相比，近蜥龙的牙齿数量较少，牙齿间隔更宽，牙齿呈匙形，可用来磨碎食物。

前肢的多用途

近蜥龙的前肢具有多用途。它的前掌可以向内弯曲，用来抓握食物，相当于手；前掌放平，又可作为脚行走。这种非专用化的结构是早期恐龙的典型特征。

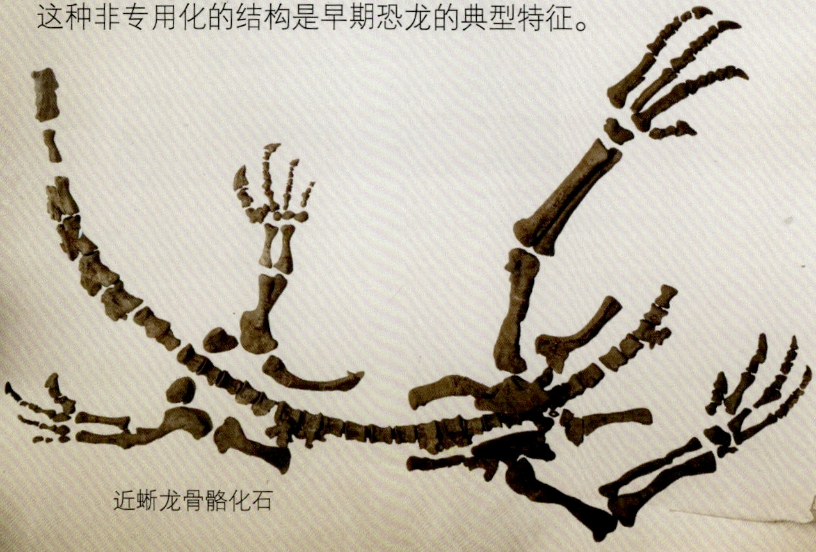

近蜥龙骨骼化石

食性有争议

一些古生物学家认为近蜥龙也可能吃肉，因为其特征介于植食性和肉食性动物之间。近蜥龙牙齿虽钝但有锯齿边缘，主要吃植物。但它还有较大的拇指爪和不完全位于侧面的眼睛，这些特征更像肉食性恐龙。因此，近蜥龙的食性还需要进一步研究确认。

行走姿势

近蜥龙既可以四足也可以两足行走，大多数时间用四足行走。需要获取更高处的食物时，它会用后肢支撑身体。

冰脊龙

冰脊龙又称冰棘龙、冻角龙，是第一种在南极洲发现的肉食性恐龙。它的名字来源于头顶上突出的骨质结构，由于这种结构很像美国19世纪50年代的“摇滚乐之王”埃尔维斯·普雷斯利（猫王）的束发，所以又被称为埃尔维斯龙。

冰脊龙的头冠在泪管附近向外延伸

生存环境

冰脊龙是一种两足行走的肉食性恐龙，生活于侏罗纪早期。当时的南极洲并不像今天这样寒冷，南极洲和非洲、南美洲还连在一起，没有分离，属于温带气候。

独特之处

冰脊龙最独特的地方就是拥有独一无二的头冠，类似的结构在其他肉食性恐龙身上还从未发现过。它的头冠在眼睛之上，垂直于头颅骨并向外散开，外观就像一把梳子。其他有冠的兽脚类恐龙如单脊龙，它们的冠多是沿头颅骨延伸，而非横跨头骨。

头冠的用途

由于冰脊龙的头冠较为脆弱，科学家推测它们的头冠不可能具有攻击或防御功能，很可能是在交配季节用来吸引异性的。如果这一推测成立，说明冰脊龙身上具有丰富艳丽的色彩，因为只有这样，它们才能在繁殖季节展露出艳丽的色彩和头冠，得到更多的交配机会。

冰脊龙的骨骼化石装架

发现地点

冰脊龙的化石首先于1990年在南极洲横贯山脉比尔德莫尔冰川的柯克帕特里克峰上被发现。这些化石位于硅粉砂岩中，包括头颅骨、颚骨、脊骨、肠骨、坐骨、耻骨、大腿骨、腓骨、胫跗骨及跖骨化石。

冰脊龙的头骨

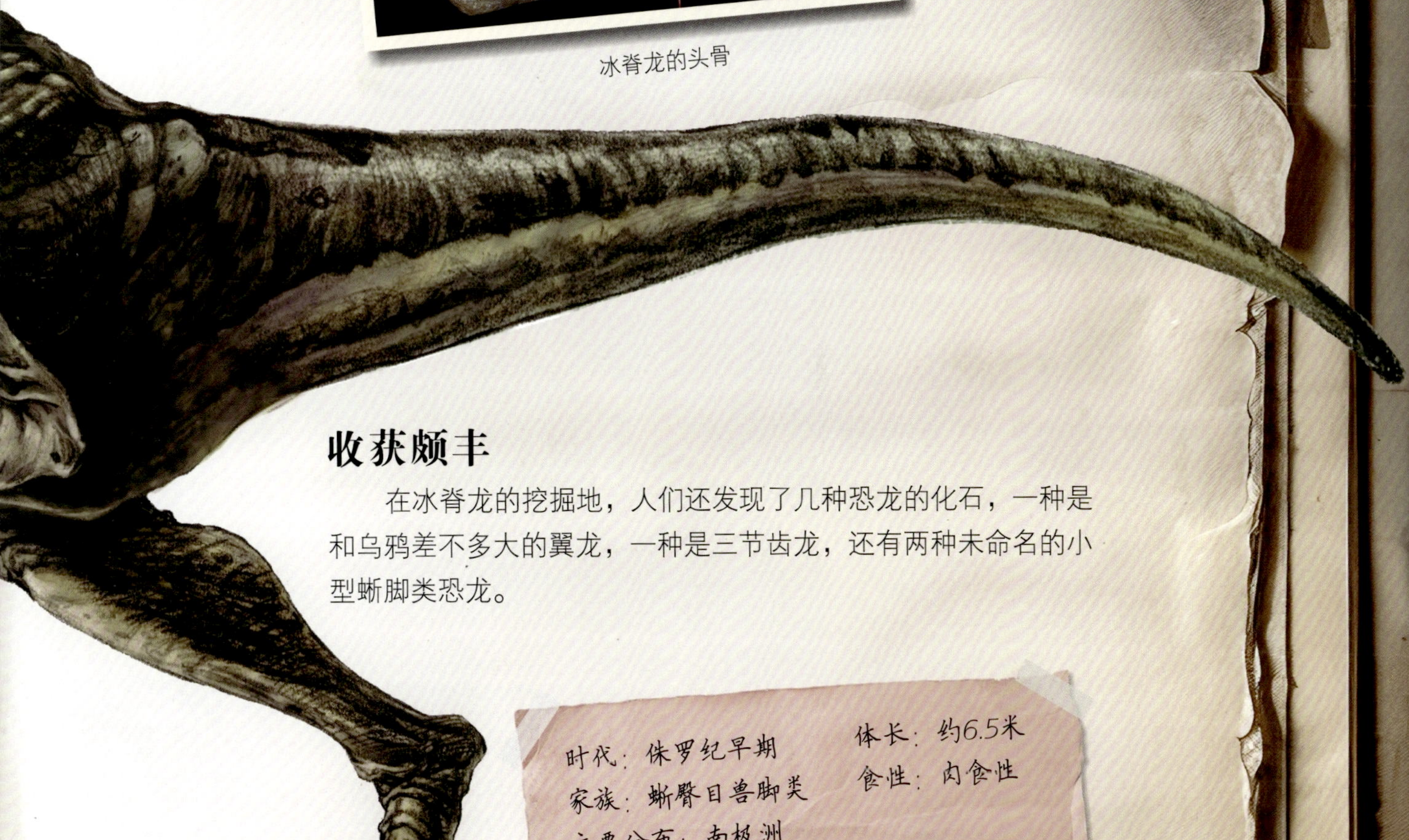

收获颇丰

在冰脊龙的挖掘地，人们还发现了几种恐龙的化石，一种是和乌鸦差不多大的翼龙，一种是三节齿龙，还有两种未命名的小型蜥脚类恐龙。

时代：侏罗纪早期
家族：蜥臀目兽脚类
主要分布：南极洲
体长：约6.5米
食性：肉食性

双脊龙

双脊龙又名双嵴龙、双冠龙，它因为头顶上长着两片大大的骨冠而得名，是生活在侏罗纪早期的一种肉食性恐龙，同时也是侏罗纪早期北美洲最大的肉食性恐龙。

头冠的功能之谜

双脊龙头部有两个独特的平行的头冠，这头冠的确切作用一直令古生物学家困惑，早期人们认为它可能与调节体温有关。最近一些学者提出双重功能说，认为这头冠与现代鸟类的头冠类似，既可用于同类辨认，也可通过展示来吸引异性。因为较为脆弱，双脊龙的头冠不大可能是为了打斗而进化出来的。

食腐者还是掠食者？

关于双脊龙的食性，古生物学家们曾有过长期的争论。早期研究认为双脊龙上颌骨前段的牙齿向内凹陷，形成一个类似鳄鱼牙齿的钩状结构，这意味着它可能是食腐动物。但后来，古生物学家发现它有强壮的下颌可以咬断骨头，这意味着它可能是个凶猛的掠食者。关于这一点，古生物学家们仍在不断研究之中。

行动方式

双脊龙是如何行动的，古生物学家提出了各种看法。有古生物学家认为它像鸵鸟一样用双足行走；有古生物学家根据骨盆结构推测它可能适应在水里生活，能够游泳；有古生物学家则认为它能利用尾巴弹跳袭击猎物，类似袋鼠。这些推测都表明了双脊龙灵活敏捷的运动能力，以及运用多种方式捕食的可能性。

前肢的功能

根据解剖学研究，古生物学家推断双脊龙能用前肢抓住物体，但由于肩部活动有限且前肢无法进行精细动作，它主要还是利用嘴来捕食。

独特的休息姿势

一只双脊龙曾留下过一组罕见的脚印化石，显示了它独特的休息姿势。这组脚印起始于岸边，之后呈双脚平行状态停在岸堤前。这表明这只双脊龙蹲坐下来，胯部和脚跟接触地面，形成对称的圆形印记。同时，它的尾巴往上翘，仅末端接触地面。它还将前肢置于脚边。休息后，这只双脊龙离开，尾巴拖曳地面时留下了轻微的痕迹。

双脊龙的头骨化石

时代：侏罗纪早期　体长：约7米
家族：蜥臀目兽脚类　食性：肉食性
主要分布：美国

畸齿龙

畸齿龙又名异齿龙，生活在侏罗纪早期，是最早、最小的鸟脚类恐龙之一。畸齿龙的学名的意思是“有不同牙齿的蜥蜴”，指它拥有3种不同的牙齿。

独特的3种牙齿

畸齿龙最独有的特征就是它拥有3种不同形态的牙齿：口鼻部前段为小而尖锐的牙齿，用于咬断植物；中间一对长牙的功能不明，可能作打斗时的武器用；第3种是方形的厚实臼齿，适合咀嚼。

咀嚼行为在恐龙中相当普遍，但在其他爬行动物中不普遍。大多数爬行动物与恐龙只有单一的牙齿形态，畸齿龙这种奇特的多形态牙齿，让古生物学家推测它可能是杂食性动物，以植物与小动物为食。

头骨化石上可以明显看到3种不同的牙齿

畸齿龙的骨骼化石

前肢与脚踝

更不寻常的是，畸齿龙的前肢有5指，其中两指是对称结构，这种结构让畸齿龙能够紧握食物。另外，它的脚踝部分的结构和现在的鸟类很相似。

时代：侏罗纪早期　体长：约1.2米
家族：鸟臀目鸟脚类　食性：杂食性
主要分布：南非

进食的方式

畸齿龙主要取食地表或灌木丛中的植物。在进食时，畸齿龙会先用喙啄下树叶或茎，集中在脸颊的两边，然后一起咀嚼，咀嚼时下颌轻微向后错动，很像现在的牛和羊咀嚼食物的样子。

莱索托龙

莱索托龙是鸟脚类恐龙中最活跃的一支，生活在非洲和美洲半沙漠地区。小巧玲珑的莱索托龙看上去很像蜥蜴，它们通常用后肢行走，能穿过炎热而干燥的旷野。

植物切割机

莱索托龙的脑袋很小，脖子较细；嘴上长着喙，能够帮助它们把植物切断。莱索托龙的颌骨两边的牙齿是箭头形的，很方便咬住食物，但是它们的颌部只能上下移动，不能横向运动，因此它们可能无法磨碎植物。

快跑能手

莱索托龙虽然个头小，但它们是恐龙一族中的“快跑能手”。它们的后肢很长，大腿粗短健壮，小腿细长强韧。这种身体结构让它们的行动灵活敏捷。

生活方式

灌木丛是莱索托龙的生活乐园，低矮的灌木植物上的叶子和嫩枝是它们的最爱。在进食时，它们会不时地抬头向四周张望，以便及时发现敌人。它们的自卫能力很弱，所以它们总是和同伴们形影不离，大家相互警戒，以免遭受肉食性恐龙的突然袭击。

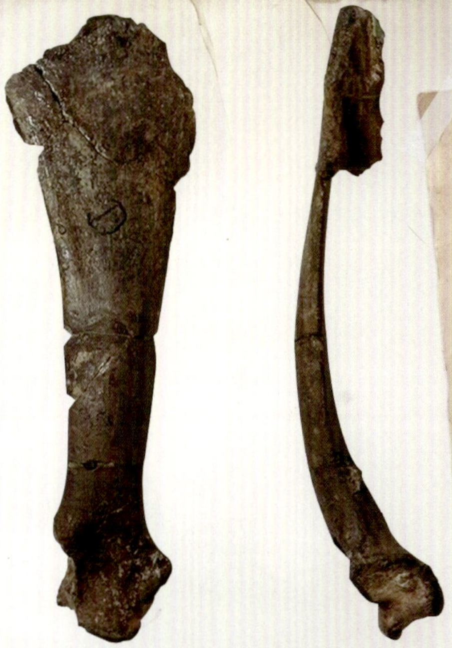

莱索托龙左肩胛骨化石

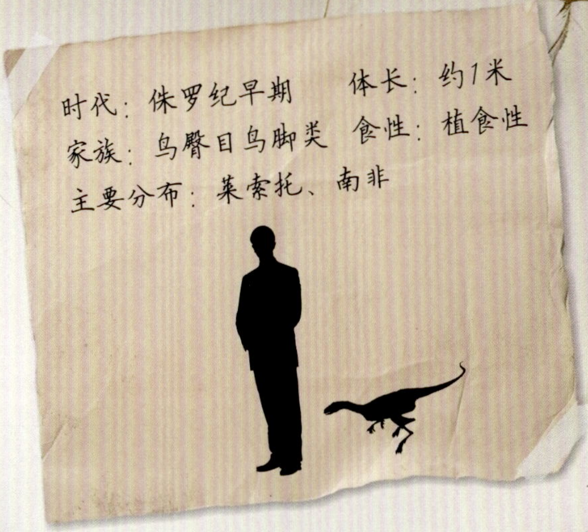

莱索托龙的头骨化石

复杂的身世

莱索托龙的身世确定相当曲折，长期以来，科学家把莱索托龙和在同一地区发现的另一种小型鸟臀目动物——法布尔龙相混淆。直到2005年，英国古生物学家理查德·巴特勒才提出莱索托龙是鸟臀目演化过程中最早的成员。同时，美国古生物学家保罗·塞雷诺也表示莱索托龙可能是已知的最原始的鸟臀目恐龙之一。

小盾龙

小盾龙是腿龙近亲，它的属名“Scutellosaurus”意为“有小盾的蜥蜴”。这种植食性恐龙和腿龙一样生活在侏罗纪时期的北美洲，不同的是，腿龙只能四足行走，而小盾龙则可以两足行走或奔跑。

严密的防护

小盾龙是目前已知最原始的覆盾甲类恐龙。它的身上从颈部到尾部有一排“背脊”，整个背部和身体两侧有多排平行的骨棱。小盾龙通过骨甲的严密防护，形成一套独有的生存技能。

极速奔跑者

作为植食性恐龙，小盾龙必须时刻保持警惕，稍有风吹草动就迅速消失在树丛中。面对危险，小盾龙最强大的优势并不是全身的骨甲，而是它拥有的极强的奔跑能力。

加拿大20元硬币上的小盾龙

时代：侏罗纪早期　体长：约1.2米
家族：鸟臀目甲龙类　食性：植食性
主要分布：美国

覆盾甲类恐龙

因为剑龙类和甲龙类恐龙都长有非常明显的具有防卫性的骨钉和骨板，所以人们把这两类恐龙合称为覆盾甲类恐龙。腿龙和小盾龙便是早期的覆盾甲类恐龙。虽然这两种恐龙体形较小，活动灵活，身上布满成列的小型骨板和骨钉，但是它们的后代却进化成了像剑龙和甲龙那样身躯庞大、行动缓慢的恐龙。

2023年在东京恐龙博览会上展出的小盾龙骨骼装架

侏罗纪中期恐龙

酋龙

酋龙是一种大型而原始的蜥脚类恐龙，生活在侏罗纪中期，它的化石是在中国四川省自贡市大山铺镇的下沙溪庙组地层发现的。

酋龙的头骨复原

时代：侏罗纪中期
家族：蜥臀目蜥脚类
主要分布：中国
体长：约15米
食性：植食性

头骨硕大

与其他蜥脚类恐龙相比，酋龙的头颅骨硕大而厚重。它们的牙齿呈勺状。由于目前发现的酋龙化石数量有限，所以还有待我们进一步探索和研究。

气龙

在侏罗纪中期，体形中等的气龙是一种活跃且敏捷的肉食性恐龙。1985年，人们在中国四川省自贡市大山铺镇铺设大型天然气设备时发现了它的化石，所以将它命名为气龙。

气龙的骨骼化石装架

可怕的捕食者

气龙头大而轻盈；牙齿呈侧扁匕首状，边缘有小锯齿，能撕裂皮肉。气龙的前肢短小而灵活，有强劲的爪子，用来抓持小型猎物或者大型动物的坚韧的外皮；后肢强壮有力，趾端长有尖锐的利爪。气龙善于用两足快速奔跑，是一个可怕的捕食者。

突袭猎食

气龙是肉食性恐龙。它们捕食时会从隐蔽处突然跳跃起来，张开血盆大口，发动袭击。凭借这种出其不意的捕食策略，气龙成为当时恐龙王国中的霸主，是植食性恐龙最可怕的天敌。

时代：侏罗纪中期　体长：3.5~4米
家族：蜥臀目兽脚类　食性：肉食性
主要分布：中国

华阳龙

华阳龙生活在侏罗纪中期，它的名称来自于发现地中国四川一带的别名“华阳”。华阳龙比居住在北美洲的近亲剑龙早出现了约2000万年。

身披尖刺、骨板

华阳龙身体上有大大小小各种骨板和棘刺：头部有两排心形骨片，肩膀处有一对1.5米长的尖锐棘刺；骨板从骨盆开始逐渐变小，延伸至尾巴中部，尾端还有4根棘刺突出。这些覆盖全身的骨板和棘刺，构成了华阳龙的防御武器。

棘刺防身术

与来自同一地区的峨眉龙比起来，华阳龙身形较小，因此，当那些大家伙仰起脖子大嚼高处的叶子时，华阳龙只能啃食地面附近的低矮植物，比如蕨类植物，而它也更容易成为气龙等肉食性恐龙的捕食目标。当面对气龙的进攻时，华阳龙会把身体转到某个适当的位置，用身上的长刺指向气龙，同时猛烈摆动带有棘刺的尾巴。这样的防御足以产生强大的威慑，使得气龙为了避免受伤，转而去寻找更容易捕获的猎物。

最原始的剑龙

华阳龙背部骨板明显小于后来的剑龙的骨板。这个特征表明，华阳龙是最原始的剑龙，与后来的剑龙具有明显的区别。

时代：侏罗纪中期
家族：鸟臀目剑龙类
主要分布：中国
体长：约4.5米
食性：植食性

华阳龙的骨板比剑龙的小，表面积也较小，如果这些骨板有调节体温的作用的话，效率也不高

尾巴末端有4根棘刺

华阳龙的颅骨化石

父母的悉心呵护

在侏罗纪中期，河边常长满茂密的矮小蕨类植物，高大的树木比较少。当华阳龙在这种开阔草地上进食时，它们的幼仔往往会受到气龙等掠食者的觊觎。但是，只要华阳龙幼仔紧跟在父母身边，掠食者还是不敢轻易进攻的。

约巴龙

约巴龙生活在侏罗纪中期，它的化石是在非洲尼日尔的撒哈拉沙漠里发现的，名称“约巴”则来自当地游牧民族神话中的一种动物。

约巴龙是一种非常原始的蜥脚类恐龙，和同时期的其他蜥脚类恐龙相比，它显得更加原始——有着较小而复杂的椎骨和较粗壮的尾巴。

约巴龙头骨化石

约巴龙真的能站起来吗?

古生物学家比较了现代大象和已经灭绝的约巴龙的前后肢骨头的粗细，发现约巴龙的后肢骨头比前肢骨头粗很多，这意味着约巴龙的体重主要靠后肢支撑，而大象的前肢骨头比后肢骨头粗，因此体重多由前肢支撑。古生物学家猜测，既然大象都可以短暂地用后肢站立，那约巴龙则可以轻易地用后肢站立。

时代：侏罗纪中期　体长：约21米
家族：蜥臀目蜥脚类　食性：植食性
主要分布：尼日尔

巧 龙

巧龙生活在侏罗纪中期，它的名字有小巧、精致和美丽的意思。巧龙的化石是在中国新疆的准噶尔盆地发现的。

巧龙的骨骼化石装架

一群幼龙的化石

巧龙的化石发现于新疆准噶尔盆地东北的石树沟组。在同一挖掘地点共发掘出17头巧龙化石，古生物学家认为这群巧龙是被突发洪水淹死的。化石的一些特征显示这群巧龙全是幼龙。

时代：侏罗纪中期
家族：蜥臀目蜥脚类
主要分布：中国
体长：约4.8米
食性：植食性

侏罗纪晚期恐龙

蜀龙

蜀龙生活在侏罗纪晚期，它属于蜥脚类恐龙，以植物为食。它的化石发现于中国四川省自贡市大山铺镇的下沙溪庙组地层，现陈列于自贡恐龙博物馆。

御敌武器

由于蜀龙身体笨重，所以行动非常缓慢。为了防御敌人的袭击，它的尾巴末端的4个尾椎逐渐进化成棒状尾槌，尾槌上还长有两根5厘米长的尖刺。当肉食性恐龙如气龙等向它发起攻击时，它会立即摆动这个骨质尾槌，将敌人吓跑。

蜀龙的骨骼化石装架

时代：侏罗纪晚期　体长：约12米
家族：蜥臀目蜥脚类　食性：植食性
主要分布：中国

异特龙

异特龙是一种生活在侏罗纪晚期的大型肉食性恐龙，主要活跃于北美洲地区。它的头部巨大，身体强壮，四肢强劲有力，处于食物链顶端，它可能捕食同时期的大型植食性恐龙或其他肉食性动物。

异特龙的牙齿

异特龙的前颌骨上的牙齿横截面呈D形；整个上下颌合计有几十颗牙齿，每颗牙齿边缘都有锯齿状的结构并向后弯曲。异特龙的牙齿会不断脱落并会及时长出新牙，这就是异特龙牙齿化石很常见的原因。

异特龙的前爪骨骼化石

听觉和嗅觉

研究发现，异特龙的大脑结构，与鸟类和其他恐龙有所不同，更接近现代鳄鱼。通过对异特龙前庭系统和内耳结构的研究，科学家判断其头部在大多数时间保持水平姿态，这一点也更像鳄鱼。这种头部结构意味着异特龙可能擅长辨识低频声音，但难以感知细微的中高频声音。

异特龙大脑中的嗅叶较发达，这表明它非常依靠嗅觉来探测周围。

时代：侏罗纪晚期　体长：约8.5米
家族：蜥臀目兽脚类　食性：肉食性
主要分布：美国

梁 龙

梁龙是生活在侏罗纪晚期的一种大型四足植食性恐龙，它的典型特征是具有极长的颈部和尾巴，以及相对纤细、流线型的身体。远远看去，梁龙的整个身体形态就像一座横跨在地面上的桥梁。在众多蜥脚类恐龙中，梁龙因独特的体形特征而最易识别，它也是被科学家研究得最为全面和详尽的代表性恐龙之一。

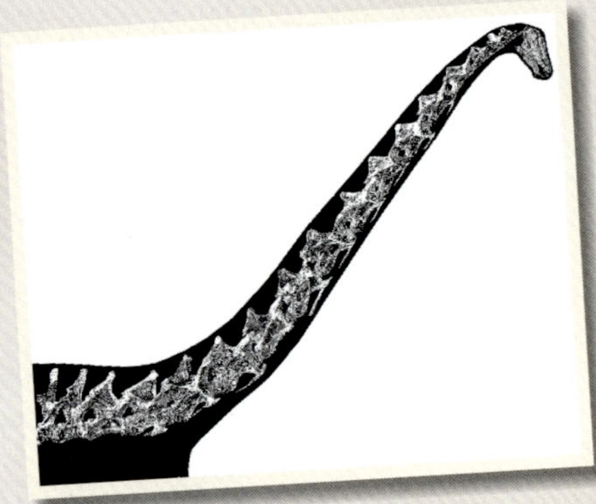

梁龙颈部骨骼的示意图

时代：侏罗纪晚期　体长：约27米
家族：蜥臀目蜥脚类　食性：植食性
主要分布：美国

独特的脊椎构造

梁龙的颈部能够灵活弯曲靠的是它特殊的脊椎构造。从细小的头部到修长的尾巴，梁龙的身体由一系列相互连接的脊椎骨支撑。其中，颈部由15块脊椎骨组成，胸部和背部有10块脊椎骨，细长的尾巴内则有约70块尾椎骨。

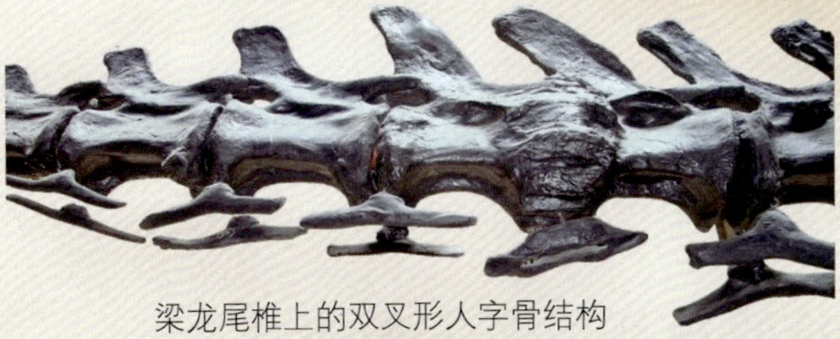

梁龙尾椎上的双叉形人字骨结构

在梁龙尾巴中段，还发现了独特的双叉形人字骨。这种结构可以为尾巴提供额外的支撑，也可在尾巴着地时保护血管。这种双叉形人字骨结构原本被认为仅存在于梁龙身体中，但后续研究发现，其他几种蜥脚类恐龙也存在这一结构。

异常的牙齿

梁龙是一种很奇特的恐龙。与其他蜥脚类恐龙相比，梁龙的牙齿很是不同，它的牙齿较为长而纤细，横切面呈椭圆形，齿尖呈三角形。梁龙的牙齿会不断更新，通常每颗牙齿的寿命约为35天，每个牙槽内都有多达5颗替生齿在生长，以替代旧的牙齿。

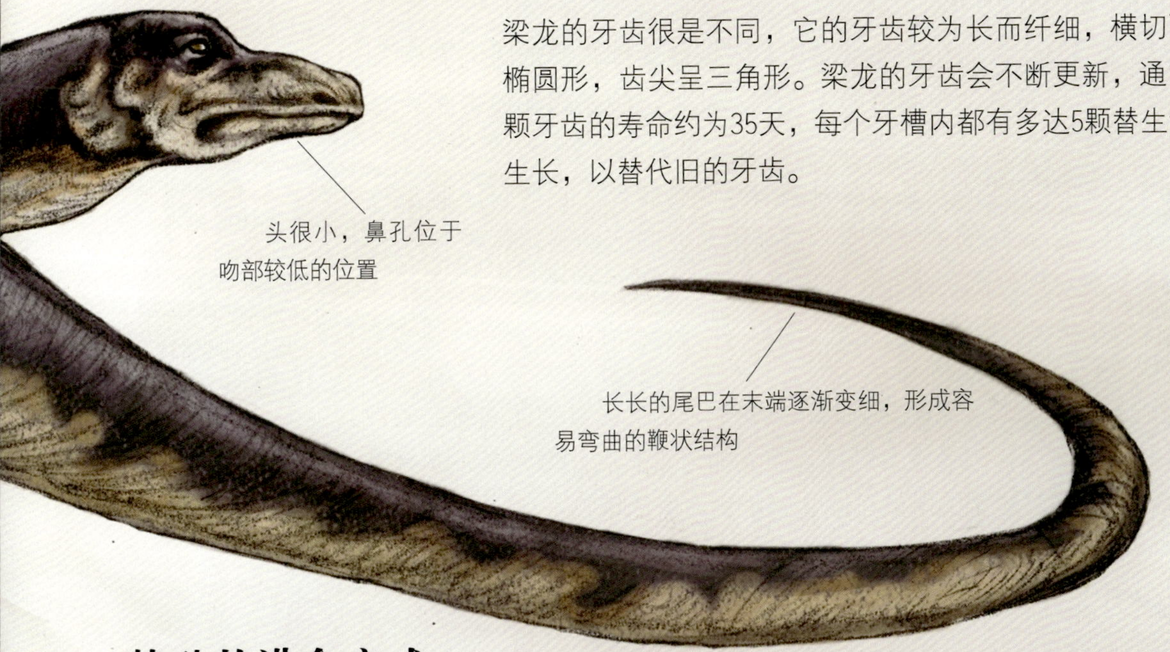

特殊的进食方式

梁龙的牙齿磨损位置也不同于其他蜥脚类恐龙。大多数蜥脚类恐龙的牙齿磨损位置在齿尖附近，但梁龙的牙齿磨损位置位于上下排牙齿的颊侧。这说明梁龙吃食物的方式不像其他蜥脚类恐龙。梁龙可能用一边的牙齿去撕咬树叶，另一边牙齿则用于稳住树枝。此外，它的下巴可以向后移动，这样可以增加嘴的打开幅度，更高效地享用树上的嫩叶。

梁龙的生态学适应

科学家通过研究梁龙的牙齿还发现，梁龙与其他生活在同一地区的蜥脚类恐龙有不同的食物偏好。这可能是为了减少食物方面的竞争，使得各种不同类型的蜥脚类恐龙能够共存。总的说来，梁龙独特的牙齿构造和食物偏好，展示了恐龙令人惊叹的进化适应性和多样性。

腕龙

腕龙是一种生活在侏罗纪晚期的蜥脚类恐龙。腕龙最著名的特征是前肢比后肢长很多，这也是它的属名“腕龙”的由来——这个名称在希腊语中的意思是“上臂蜥蜴”。尽管腕龙的化石很少，但作为体形巨大的蜥脚类恐龙，它早已成为人们最熟知的恐龙之一。

超长的颈部，超大的躯体

腕龙的颈部很长，里面的颈椎骨数量也很多，这使得腕龙可以灵活地转动脖子。

与修长的颈部相比，腕龙的躯干部分非常巨大，它的躯干呈椭圆形，像一个大大的水桶。腕龙的颈部和躯干中有与呼吸系统相连的大型气腔，可以帮助它更轻松地呼吸，此外，还能让它沉重的身体稍微轻盈一些。

腕龙的腿骨化石

独特的肩部和四肢

腕龙的肩部有一个小小的骨质脊突，可以让支撑颈部的肌肉更牢固地附着在那里，这与其他蜥脚类恐龙不同。此外，腕龙的胸腔也比其他蜥脚类恐龙更深更大。

另一个与众不同的地方是，腕龙的前肢比后肢长。长前肢让腕龙的肩部高于臀部，因此它的颈部可以以很陡的角度向上伸出。这种身体结构使它看起来更像现代的长颈鹿，而不太像其他蜥脚类恐龙。

大牙齿

腕龙的上颌骨比圆顶龙的宽，因此腕龙的牙齿更大。腕龙的前上颌骨中的牙齿具有珐琅质，边缘没有锯齿。腕龙的牙齿有点儿像勺形，并具有纵向的棱脊，而相对较宽的下颌可以让它吞食大量的植物。

时代：侏罗纪晚期　体长：约25米
家族：蜥臀目蜥脚类　食性：植食性
主要分布：美国、坦桑尼亚

腕龙的头骨化石

高效的进食方法

腕龙凭借超长的脖子，可以轻松地吃到离地面5米以上的嫩树叶。腕龙最爱的食物可能是银杏、松树、桫椤和苏铁的叶子。

吃下的食物，腕龙怎么消化呢？跟其他蜥脚类恐龙一样，腕龙取食时，不会细致咀嚼，而是将树叶等食物直接吞进肚子里慢慢发酵。

一头40吨重的腕龙，每天能吃大约1500千克的食物，是现代亚洲象食量的10倍；它一次排泄的粪便能堆1米多高。

神秘的鼻孔

腕龙和其他蜥脚类恐龙一样，都有一个山丘状的骨质鼻孔，位于头骨顶部。过去科学家以为它们是半水生动物，可以通过鼻孔在水下呼吸，但它们所处的环境并没有这样深的湖泊。

那么腕龙的大鼻孔有什么用呢?一种猜测是，大鼻孔可以容纳更多的嗅觉组织，可以让腕龙嗅到远处植物的气味；另一种猜测是腕龙可能有长长的像大象鼻子一样的突出物，可以够到更高处的树叶。不过，要确认这一点，还需要找到保存了软组织的头骨化石。

超 龙

“超龙”这个名称来源于1972年在美国科罗拉多州发现的一些超大型恐龙骨骼化石碎片，其实它从未被正式命名过。已发现的超龙化石主要包括：2.5米长的肩胛骨、1.8米宽的骨盆以及3.1米长的肋骨化石。根据这些零碎的化石，可以确定超龙是个体形极其庞大的生物，是已知体形最大的恐龙之一。

超龙的骨骼化石装架

身份之谜

超龙是所有被发现的恐龙当中，身份最为扑朔迷离的。有古生物学家认为，超龙并不是一种新恐龙种类，而是体形过大的腕龙；有古生物学家指出超龙属于独立的种类，和现已发现的恐龙并不相同。由于证据不足，争论至今仍未平息，目前我们并不能百分之百确认超龙的真正身份。

巨兽超龙的不完整化石

虽然超龙的化石都只是不完整的碎片，但这些已经震惊了科学家。科学家推测超龙的体长至少有30米，体形非常巨大。超龙的骨骼化石与腕龙较为相似，所以它可能像腕龙那样，也是头部高抬的类型。当超龙抬头站立时，头顶离地可达15米，相当于5层楼的高度。

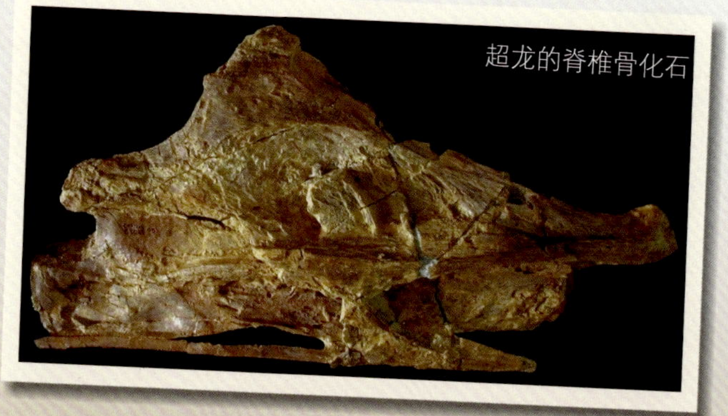

超龙的脊椎骨化石

从生物力学视角推算超龙的体重

恐龙的体重，可以用生物力学来推算。在估计超龙体重时，要考虑陆地动物的体重极限。

由于超大型动物在陆地存活要克服重力，所以体重存在结构极限。如果体重过重，四肢会承受巨大压力。以体重66吨估计，超龙每只脚需要承受16.5吨的重量，这是非常大的负荷，可能已接近陆地动物的体重的极限。

当然，要确定超龙的实际体重，还需要发掘更多化石，但从生物力学分析来看，70吨左右是一个比较合理的上限。

超龙的腿骨和人对比

时代：侏罗纪晚期
家族：蜥臀目蜥脚类
主要分布：美国
体长：约33米
食性：植食性

圆顶龙

圆顶龙是侏罗纪晚期北美洲最著名的恐龙之一，它也是已发现的最常见、保存最完好的蜥脚类恐龙之一。与同时期的梁龙、科龙相比，圆顶龙的脖子要短得多，尾巴也要短一截，看上去十分敦实。

奇特的大脑袋

圆顶龙的头骨非常大，由于头顶部圆润隆起，所以得名“圆顶龙”。它的头颅骨有骨质支柱和窗口状空洞，里面是一个小得出奇的大脑，这表明圆顶龙的智力不高。在它的眼眶前部，有两个巨大的鼻孔高高凸起，这赋予它极佳的嗅觉，可以帮助它躲避危险。

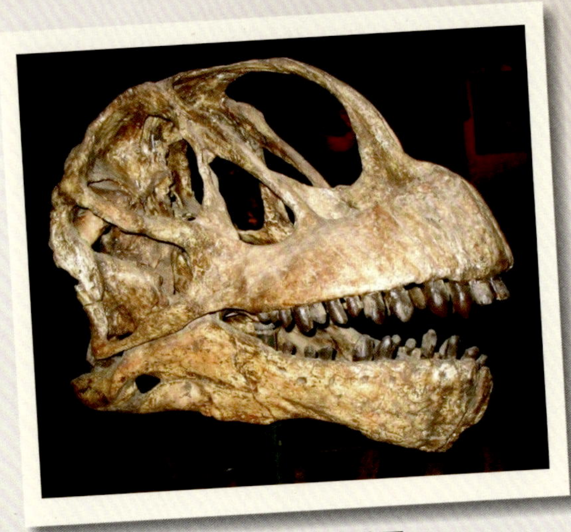

圆顶龙头骨化石

强壮的凿子牙

圆顶龙的牙齿如同凿子一般，长达20厘米左右，这些强壮的牙齿显示圆顶龙可以啃食较粗糙的植物，这一点不同于具有细牙齿的梁龙。这也说明圆顶龙和梁龙虽栖息于相同的环境，但取食不同的食物，不会形成竞争关系。由于脖子不灵活，圆顶龙主要吃不高于肩部的植物。在发现圆顶龙化石的地层中，科学家找到了许多圆润的小石头，这表明它可能像鸡一样吞食胃石，以更好地磨碎食物。

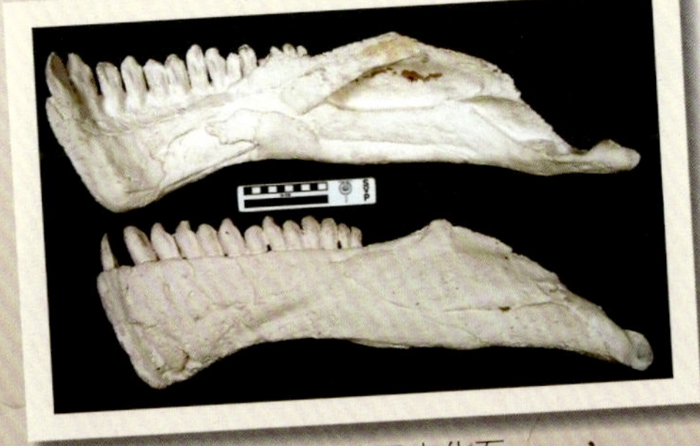

圆顶龙的牙齿化石

出土的圆顶龙化石

空心脊椎

和许多后期蜥脚类恐龙一样，圆顶龙的部分脊椎为空心结构，可减轻体重。它的颈椎有12节，颈肋骨互相重叠，使颈部坚硬；背椎有12节；荐椎有5节，与髋骨连接；尾椎多达53节。

养育习性

1997~1998年，在美国怀俄明州发现了两具成年和一具幼年的圆顶龙化石，推测它们被河流冲走后溺水而亡。这一发现表明圆顶龙可能以群体或家庭形式集体行动。另外，与其他恐龙整齐的蛋巢不同，发现的圆顶龙蛋巢非常杂乱无序，这表明圆顶龙可能不像其他恐龙那样精心照料它们的蛋和幼崽。

圆顶龙头骨和椎骨化石

与类似体形的蜥脚类恐龙相比，圆顶龙的颈部及尾巴较短

圆顶龙每只脚都有5趾，最内侧的脚趾上长有利爪，可用作自卫

时代：侏罗纪晚期　体长：约20米
家族：蜥臀目蜥脚类　食性：植食性
主要分布：美国

迷惑龙

迷惑龙的脖子粗壮，尾巴细长，是侏罗纪晚期最大的蜥脚类恐龙之一，它与梁龙、异特龙等共存于同一时代。它的名称的含意是“骗人的蜥蜴”，因为它的尾椎早期曾被错误认为是沧龙的。直到最近，古生物学家才逐步揭开它的神秘面纱。

迷惑龙与雷龙：一场尘封的分类之争

1877年，美国古生物学家奥塞内尔·查利斯·马什公布了一个新的蜥脚类恐龙——埃阿斯迷惑龙。1879年，他又根据一个更完整化石的标本确立了秀丽雷龙。1903年，古生物学家埃尔默·里格斯发现两者非常近似，应属同一种恐龙，并将秀丽雷龙改为迷惑龙的一个种。后来，人们发现广为人知的秀丽雷龙骨骼化石实为迷惑龙的头部与圆顶龙的躯体化石组合。

但是，新研究发现秀丽雷龙与迷惑龙的颈部和头部形态存在明显差异。这重新燃起了对两者分类的讨论，秀丽雷龙有可能恢复为独立的种类。

迷惑龙骨骼化石装架

迷惑龙的头骨化石

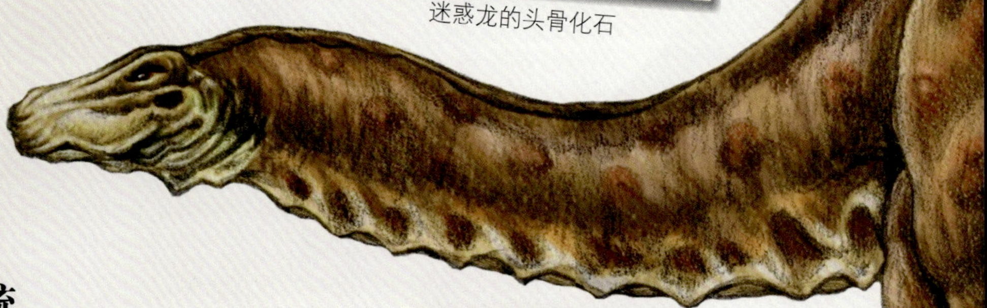

神秘的呼吸系统

由于迷惑龙具有巨大的体形和长颈，它的呼吸系统一直令科学家感到困惑。研究显示，如果迷惑龙采用现代爬行动物的呼吸方式，它每次吸入的新鲜空气不能充满肺部，这会导致换气不完全；如果采用哺乳动物的呼吸方式，它每次呼吸也仅能吸入很少的新鲜空气。

所以，迷惑龙的呼吸系统可能类似鸟类，具有多个气囊和高效的肺部结构。研究表明，鸟类的呼吸方式可以为迷惑龙提供足够的新鲜空气，这可能是迷惑龙的最佳呼吸方式。

迷惑龙的腿骨化石

未知的进食量

迷惑龙的进食量也不得而知，它可能需要不断进食来提供能量，只在降温、饮水或排除寄生虫时暂停。

震耳的响尾

迷惑龙的尾巴极为修长，尾端尖锐就像一条长鞭。科学家用电脑模拟迷惑龙摆动长尾时能产生多响的声音，计算后为200分贝，这声音堪比炮弹发射时的爆裂声。这表明迷惑龙可能利用它的“响尾”来吸引异性、威吓对手，或者赶走掠食者。

迷惑龙的脊椎骨化石

时代：侏罗纪晚期　体长：约26米
家族：蜥臀目蜥脚类　食性：植食性
主要分布：美国、墨西哥

马门溪龙

马门溪龙是发现于中国四川等西部省份的蜥脚类恐龙，它生活在侏罗纪晚期，人们在20世纪30年代发现了它的化石。在随后的近50年时间里，又有10多种马门溪龙被陆续发掘出来，但是否全部属于这个属仍有争议。马门溪龙已成为中国侏罗纪蜥脚类恐龙的一个“未定物种集中地”，直到目前还缺乏一个明确的分类体系，需要进一步研究以厘清这一物种，明确它们之间的关系。

长颈之谜

尽管已发现的马门溪龙的体形有大有小，但它们都具有极长的颈部，长度占整个身体一半以上，这也是它们最著名的特征。

马门溪龙为何会演化出如此长的颈部？2013年，科学家安德烈亚斯·克里斯蒂安在研究杨氏马门溪龙的18节颈椎后发现，马门溪龙颈部基部可大幅度向上弯曲，第1节颈椎相对第2节可弯曲近20度，后段4节也可做到相同的弯曲，这表明马门溪龙能够上翻头部觅食高处的食物。

此外，通过颈椎左右转动，马门溪龙能让头部活动范围横向扩大，适应植被分布较稀疏的环境。行走时，马门溪龙颈部保持水平姿态，这有助于它保持身躯平衡。当四周出现异常动静时，马门溪龙会竖起颈部，从高处观察周围，防御悄悄接近的敌人。

马门溪龙的骨骼化石装架

体形差异巨大

马门溪龙之间的体形差距很大，比如建设马门溪龙和杨氏马门溪龙长约15米；合川马门溪龙、安岳马门溪龙、井研马门溪龙长约22米；体形最大的中加马门溪龙长约35米，重60至80吨。

巨大体形下的空气来源

1992年，有科学家提出一个重要假说：体形巨大的马门溪龙的肺可能无法满足庞大身躯所需的空气。后来，通过比对脊椎结构，科学家发现马门溪龙的脊椎具备气腔化特征，这表明它可能和现代鸟类一样拥有气囊系统。气囊系统通过提高呼吸效率，可以为马门溪龙这种体形庞大的动物提供充足的空气。

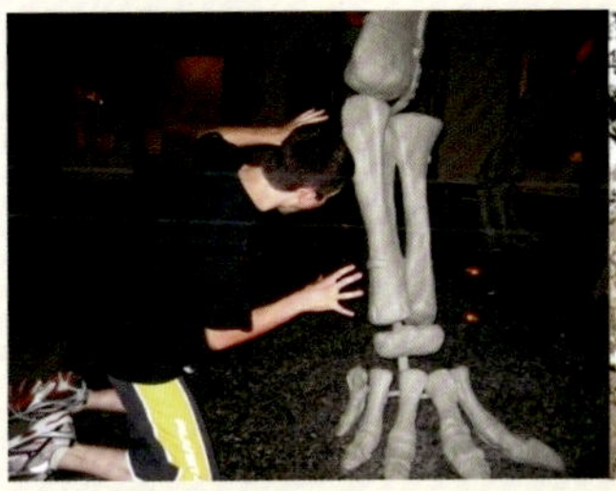
马门溪龙的腿骨化石

正在挖掘的马门溪龙骨骼化石

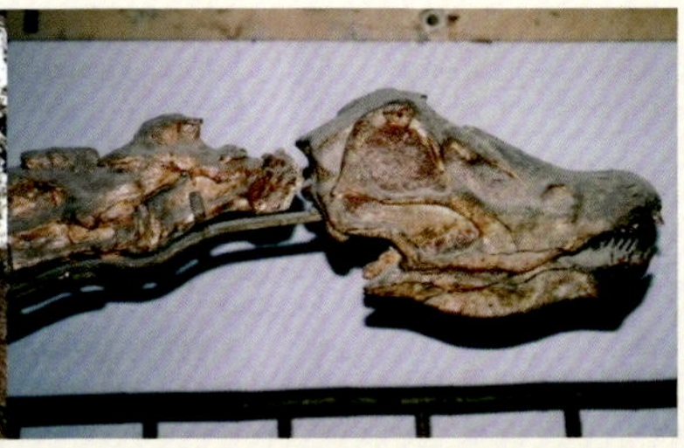
马门溪龙的头骨化石

时代：侏罗纪晚期　体长：15-35米
家族：蜥臀目蜥脚类　食性：植食性
主要分布：中国

角鼻龙

角鼻龙是生活在侏罗纪晚期的一种兽脚类肉食性恐龙，之所以称其为角鼻龙，是因为它的鼻子上长着短角。角鼻龙不仅有着强健的身体，还长着可怕的尖牙和利爪。

突出的鼻角

角鼻龙最显眼的特征，就是它头上的那个大鼻角。这个鼻角是一种特殊结构，位于鼻骨后面，沿头骨中线长出，由左右鼻骨连接在一起形成的。除了大鼻角，角鼻龙头骨上面还有一个小一点儿的骨脊。

武器还是装饰

起初，古生物学家认为角鼻龙的鼻角是强大的攻击和防御武器，然而现在古生物学家普遍认为鼻角不太可能当作武器使用，这个鼻角可能是公角鼻龙间争夺配偶时用来碰撞的。也有古生物学家进一步认为该鼻角纯粹只有炫耀和装饰作用，根本无法用于打斗，并且为了得到异性的关注，鼻角可能具有鲜艳的颜色。

融合在一起的鼻骨显示出明显的鼻角

角鼻龙上颌的牙齿很长，最长可达9厘米

锋利的牙齿

角鼻龙上颌前端的牙齿数量很少，每边只有3颗。上颌侧两边各有15颗刀刃状尖牙，前8颗特别长而粗厚，从第9颗开始变短变细。这些牙齿跟典型的兽脚类恐龙牙齿一样，边缘都有小锯齿。

角鼻龙头骨化石

与众不同的鳞甲

角鼻龙作为兽脚类恐龙，有一个与众不同之处——沿着背部中线生长着形状各异的小型鳞甲。这些鳞甲附着在颈部和脊椎骨的突起上，形成一整排，从头部后方一直延伸到尾巴的大部分区域。研究认为，角鼻龙背部的鳞甲排可能也具有装饰和炫耀的功能。

角鼻龙骨骼化石装架

后肢上的第2、第3、第4趾用来承重，第1趾已缩短退化并悬空

时代：侏罗纪晚期
家族：蜥臀目兽脚类
体长：约5.6米
食性：肉食性
主要分布：美国

美颌龙

美颌龙是至今发现的最小的肉食性恐龙之一。它外形细长，类似鸟类，是当时所处区域内的顶级掠食者。

美颌龙的化石

身体特征

美颌龙是小型的双足恐龙，后腿长，尾巴也长，尾巴在运动时能保持身体平衡。它的前肢比后肢小，前肢有两个大的带爪的手指和一个较小的可能已经失去功能的手指。它的头骨又窄又长，吻部逐渐变细。

鸟类的远祖

长期以来，美颌龙被视为鸟类的远祖，它与始祖鸟体形相近。不过，美颌龙化石上并没有发现羽毛的痕迹，科学家因此认为美颌龙的身上没有羽毛。

时代：侏罗纪晚期　体长：约1米
家族：蜥臀目兽脚类　食性：肉食性
主要分布：德国、法国

美颌龙骨骼化石装架

嗜鸟龙

嗜鸟龙是一种生活在侏罗纪晚期的小型兽脚类恐龙，也是一种虚骨龙类恐龙。它的体形远小于大多数兽脚类恐龙，仅有现在的山羊大小。它有锋利的牙齿和敏捷的身体，是当时小型动物的主要掠食者。

短小精悍的牙齿

嗜鸟龙的牙齿数量不多，上颌有10颗牙，下颌有12颗牙。它的前端的牙呈圆锥形，锯齿较少；后端的牙齿弯曲，锯齿更密集。

身披羽衣

早在1944年，鸟类学家佩西·罗威就推测嗜鸟龙可能长有羽毛。这个想法长期被人们所忽视，因为大多数兽脚类恐龙的体表都覆盖着爬行动物的鳞片皮肤。1996年，人们在中国发现中华龙鸟化石，证实其表皮覆盖原始绒羽。此后，大多数古生物学家认为，所有虚骨龙类恐龙或多或少有着绒羽。

进一步研究表明，嗜鸟龙的羽毛可能比鸟类的原始，羽毛仅覆盖身体，四肢露出，头顶、颈部的羽毛可能较长。这些羽毛可能具有保温或辅助孵化功能。

时代：侏罗纪晚期　体长：约2米
家族：蜥臀目兽脚类　食性：肉食性
主要分布：美国

永川龙

永川龙是一种生活在侏罗纪中晚期的大型兽脚类恐龙，它的化石发现于中国四川省自贡市的上沙溪庙组地层。它是当时该地区最大型的肉食性恐龙，体形类似同期分布在北美洲的异特龙。永川龙与蜥脚类的马门溪龙、峨眉龙，以及剑龙类的嘉陵龙、沱江龙等共存，是侏罗纪时期中国西南地区最具代表性的兽脚类恐龙。

外形特征

永川龙是一种大型、两足的肉食性恐龙，具有较短的前肢、粗壮有力的后肢、短粗的颈部、大头颅、强健的下颌和锯齿状大牙齿。永川龙的鼻部有骨质瘤状结构，类似角鼻龙。永川龙的身体结构比异特龙更为原始，更接近中华盗龙。

永川龙的头骨化石

时代：侏罗纪中晚期
家族：蜥臀目兽脚类
主要分布：中国
体长：约10米
食性：肉食性

弯 龙

弯龙是一种生活于侏罗纪晚期的植食性鸟脚类恐龙，分布在当时的北美洲,可能还包括欧洲。它的名称来源于古希腊语，意为“可弯曲的蜥蜴”，这反映了弯龙的某些身体部位较为灵活。

紧凑的利齿

弯龙的头骨呈三角形，有尖吻和喙状嘴。与同时代其他鸟脚类恐龙相比，弯龙的下颌牙齿排列更为紧凑，具有粗厚的齿缘和小锯齿，这些特征与后期鸟脚类恐龙类似但更为原始。出土的弯龙牙齿带有大面积磨损，这表明弯龙的食谱包含坚硬的根茎或者树皮。

弯龙骨骼化石装架

时代：侏罗纪晚期　　体长：约6米
家族：鸟臀目鸟脚类　　食性：植食性
主要分布：美国、英国

剑龙

剑龙是一种生活在侏罗纪晚期的植食性恐龙。它以拥有背部交错排列的菱形骨板和尾巴末端的两对尖刺而著称，这种独特的装甲结构使剑龙成为辨识度最高的恐龙之一。

尽管剑龙体格强壮，但与同期的大型蜥脚类恐龙相比还是比较矮小的。与剑龙共存于同一时期的有异特龙、角鼻龙等大型肉食性恐龙，剑龙背部这种特殊的装甲对它的生存尤为重要。

奇特的骨板

剑龙最显著的特征是它背部长有独特的骨板。这些骨板由17~22块独立的菱形骨板和扁平尖刺组成，并不附着在骨骼上，而是从皮肤内生长出来的。不同的剑龙种类，骨板排列方式各不相同，这对鉴定它们的归属很重要。

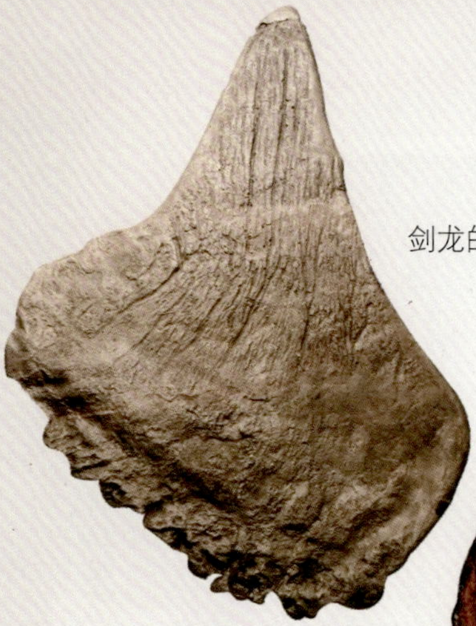

剑龙的骨板化石

多重功能论

剑龙骨板的功能一直存在争议：有的认为骨板具有防御作用；有的认为骨板可用于体温调节，或散热或吸收太阳的热量；有的认为骨板表面血管发达，当其血量变化时可以改变骨板颜色，以进行威吓或求偶。

剑龙的咬合力与现代的牛和羊相似。它们吃苔藓、蕨类植物，也可能吃苏铁等坚硬的木质植物，甚至可能成为苏铁传播种子的帮手

前肢短

剑龙骨骼化石装架

武器还是装饰

剑龙的尾端有两对长达60~90厘米的尾刺，这些尾刺是否可作为武器也一直存在争议。最新研究发现，剑龙尾刺的损伤率很高，表明剑龙常用它进行打斗，而且某些种类的剑龙的尾刺自尾端水平突出，而非垂直突出，这样更具有杀伤力。

美国丹佛自然科学博物馆的剑龙尾刺化石

时代：侏罗纪晚期
家族：鸟臀目剑龙类
主要分布：美国
体长：约9米
食性：植食性

“第二大脑”之谜

剑龙的臀部有个大空间，可容纳比实际大脑大20倍的结构，曾被认为这里存在一个超大的神经结构，被称为“第二大脑”，它可以控制身体后半部分。但更可能的是，这个部位具有其他功能。现代蜥蜴和鸟类也有类似结构，用于容纳糖原体，糖原体的确切作用还不明，但可能为神经系统提供能量。还有科学家认为，剑龙身上的该部位也可能充当平衡器官。

沱江龙

沱江龙是一种植食性的剑龙类恐龙，生活于侏罗纪晚期。它的化石发现于中国四川省自贡市大山铺镇的上沙溪庙组地层。它的整体结构与北美洲的剑龙非常相似。

身披尖刺盔甲

沱江龙的背上排列着两行骨板，臀部部分的骨板更高，颈部和前背的骨板为梨形，后方的骨板呈三角形且更尖锐一些，所有骨板中央均隆起如尖钉。沱江龙约有15对骨板和尖刺，尾端两侧有至少两对向外的尖刺，呈45度倾斜，这样的尖刺又被称为尾刺。

沱江龙骨骼化石装架

身形比其他剑龙类恐龙要修长一些，身体前部略呈锥形

时代：侏罗纪晚期　　体长：约6.5米
家族：鸟臀目剑龙类　　食性：植食性
主要分布：中国

超强的牙齿

沱江龙的下颌后部非常粗厚，下颌齿排列紧密，除前5~6颗牙重叠外，其余基本不重叠。这些牙齿呈典型剑龙类牙齿形状，舌面平坦，唇面凸出；齿冠中间有不明显脊线，两边有6~7个小锯齿；牙冠和齿根有明显分割。这种特殊的牙齿使沱江龙具有超强的咀嚼能力，可以轻松对付坚硬的植物。

沱江龙头骨化石

沱江龙的丛林王国

沱江龙栖息的环境是森林茂盛、温暖湿润的湖泊河流地区。沱江龙以地面低矮植物为食，与许多长颈蜥脚类恐龙如马门溪龙、峨眉龙共存。沱江龙身上的密集尖刺可抵御像永川龙这样的肉食性恐龙。

沱江龙骨骼化石装架

钉状龙

钉状龙是一种生活在侏罗纪晚期的剑龙类恐龙，它的化石发现于非洲的坦桑尼亚。它与北美洲的剑龙是近亲，但体形更小，身体更灵活，板甲形状也不同。钉状龙是非洲大陆侏罗纪晚期的典型装甲恐龙，是剑龙科的一个主要属组。

独特的铲形牙齿

如同其他剑龙类恐龙，钉状龙也是植食性恐龙。但与其他鸟臀目恐龙不同，它的牙齿细小且磨损面平坦，只能上下咬合运动；颊齿特化成独特的铲状，齿冠不对称，边缘仅7个小齿。由于禾本科植物当时还未大规模演化出来，所以钉状龙不太可能以草为食，它可能以低矮植物的叶子、嫩枝为食，或以后肢站立摘食更高处的树枝和嫩叶。

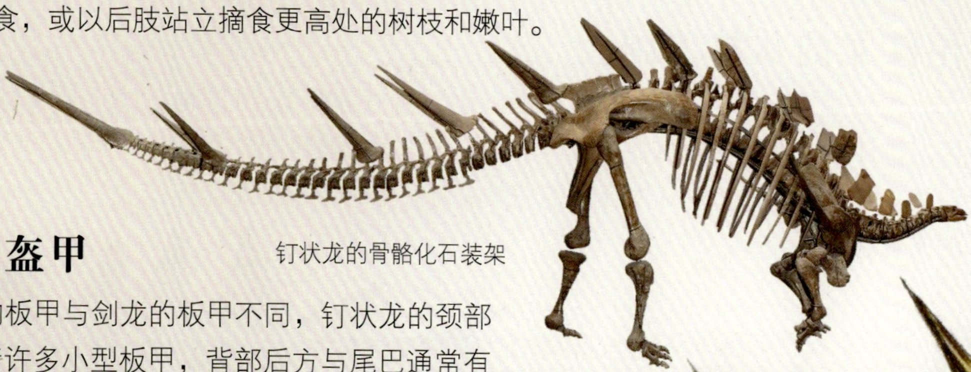

钉状龙的骨骼化石装架

身披尖刺盔甲

钉状龙的板甲与剑龙的板甲不同，钉状龙的颈部与肩膀排列着许多小型板甲，背部后方与尾巴通常有6对尖刺，每个尖刺长度约为30厘米。它的臀部还有一对朝后的尖刺。剑龙的骨板可能有调温作用，而钉状龙的尖刺可能只有防卫的功能。当钉状龙遇到异特龙、角鼻龙时，可以左右挥动带刺的尾巴防御，其臀部尖刺也可保护自己免受攻击。

相似的遥远亲戚

钉状龙与剑龙在结构上有许多相似之处，也存在一定差异，这可以用大陆漂移学说来解释。两者发现于过去为同一大陆板块的不同区域，当时气候相近，因而演化出近似的物种。因为存在不同的祖先和演化路径，导致某些结构存在差异。钉状龙和剑龙，可以说是跨越时空的遥远亲戚，它们的异同反映出生物演化与地球演变的相关性。

钉状龙的骨骼化石装架

时代：侏罗纪晚期　体长：约4.5米
家族：鸟臀目剑龙类　食性：植食性
主要分布：坦桑尼亚

始祖鸟

始祖鸟是一种类似鸟类的恐龙，生活在1.5亿年前的侏罗纪晚期，它的化石是在德国南部发现的。

时代：侏罗纪晚期
家族：蜥臀目兽脚类
主要分布：德国
体长：约0.5米
食性：肉食性

始祖鸟骨骼模型

连接恐龙和鸟类的重要物种

始祖鸟兼具恐龙和鸟类的特征，被认为是一种陆生生物演化为鸟类的重要过渡期动物。始祖鸟具有翅膀和长尾羽，它既有鸟类的叉骨、羽毛、翅膀等特征，也保留了恐龙的长距骨、牙齿、尾巴等结构，所以被视为恐龙和鸟类之间的“重要链接”。它的发现说明恐龙与鸟类存在重要关系，也是鸟类演化的重要证据之一。

1861年发现的始祖鸟的单一羽毛化石

始祖鸟的一只翅膀的化石，羽毛的印记在指爪下面隐约可见

发达的飞羽

始祖鸟最显著的特征就是它已发育出了高度发达的飞羽。这些飞羽结构高度不对称，与现代鸟类的飞羽结构相似，由羽枝、小羽枝和羽绒组成。始祖鸟的尾羽也类似现代鸟类，具有较小的不对称结构和坚固的羽片。这显示始祖鸟的羽毛已经演化出较复杂的空气动力学结构。

始祖鸟的飞行能力

始祖鸟翅膀上的飞羽高度不对称，尾羽较宽大，显示它可利用翅膀和尾巴产生升力，但它缺乏现代鸟类发达的胸骨结构，无法像今天的鸟那样用力挥动双翅飞行。古生物学家认为，始祖鸟可能采用向下鼓翼产生升力的方式滑翔飞行，这可能是早期鸟类普遍采用的飞行方式。

从骨骼构造来看，始祖鸟并不具备高超的飞行能力，也许只能在比较空旷的地方做短距离的滑翔

白垩纪早期恐龙

盘足龙

盘足龙是生活于白垩纪早期的蜥脚类恐龙，它的化石发现于中国山东省。它是一种大型四足植食性恐龙，也是中国最早进行科学研究的恐龙。经历了多次发掘，人们发现了较完整的盘足龙骨骼化石，尤其是罕见地发现了完整头骨化石，这在蜥脚类恐龙中非常不易。

抬高颈部的优势

盘足龙有一些适应高处觅食的特征，它的前肢比后肢长，可提高颈部高度。研究表明，盘足龙的颈部结构也比较特殊，可像长颈鹿般笔直地将头颈抬高、伸远，这样可以在更高处获取食物。

时代：白垩纪早期
家族：蜥臀目蜥脚类
主要分布：中国
体长：约15米
食性：植食性

阿拉善龙

阿拉善龙头骨化石

阿拉善龙生活于中国内蒙古。它是镰刀龙超科恐龙中最早被发现的成员之一。它的化石保存较完整，具有长而强壮的弯曲爪。阿拉善龙和后期镰刀龙类恐龙一样，是两足植食性恐龙。

时代：白垩纪早期
家族：蜥臀目兽脚类
主要分布：中国
体长：约4米
食性：植食性

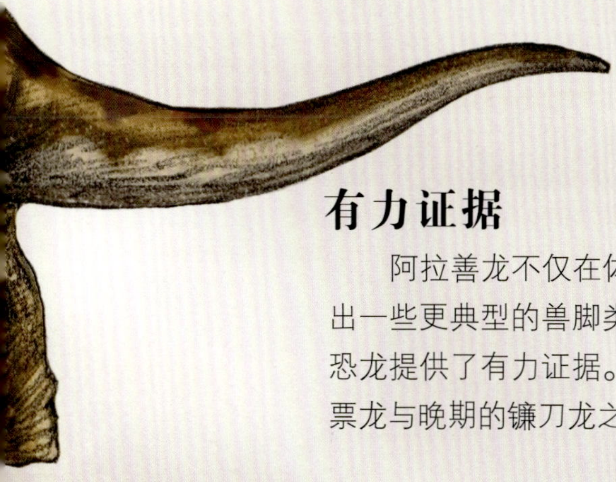

有力证据

阿拉善龙不仅在体形和牙齿上展现出许多典型的镰刀龙特征，还表现出一些更典型的兽脚类恐龙的特征。它的发现为镰刀龙属于特殊的兽脚类恐龙提供了有力证据。目前，研究认为阿拉善龙的出现时间介于早期的北票龙与晚期的镰刀龙之间。

切齿龙

切齿龙是一种小型兽脚类恐龙，生活在中国辽宁省的早期白垩纪。切齿龙最显著的特征是有前端突出、类似啮齿类动物才有的门齿，它的名称中的“切齿”就是根据这个独特的门齿而命名的。

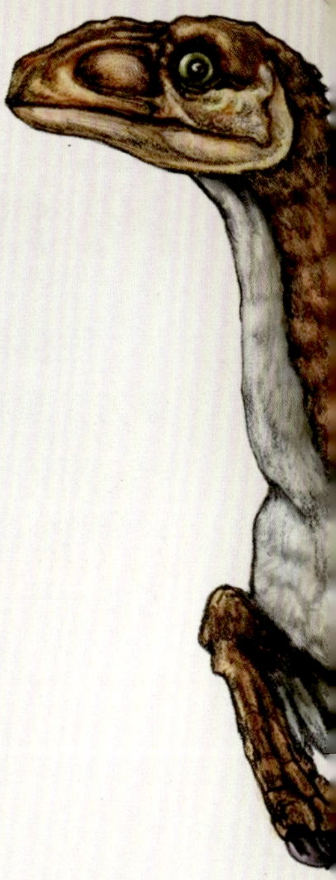

原始面孔揭示类群渊源

切齿龙的头颅骨兼具偷蛋龙和镰刀龙的早期特征，它不仅是偷蛋龙下目中最原始的物种，还保留了大型扁平前齿，表明这一类群早期还保留牙齿。综合来看，切齿龙保留了较原始的面孔，为研究偷蛋龙和镰刀龙这两类恐龙的渊源提供了线索。

两个突出的门齿有明显的磨损痕迹，显示切齿龙可能是植食性或杂食性恐龙

推测切齿龙是有羽毛恐龙，但没有飞行能力

大脑扫描揭示演化奥秘

2009年，科学家对切齿龙唯一头颅骨标本进行了CT扫描发现，与后期偷蛋龙相比，切齿龙头颅骨中的气腔化程度较低，并且它的嗅叶较小而视叶较大，这几点更类似似鸟龙类。

时代：白垩纪早期
家族：蜥臀目兽脚类
主要分布：中国
体长：约1米
食性：植食性或杂食性

中国猎龙

中国猎龙身长不足1米，在恐龙家族中算是个“小块头”，但它的前肢演化成了类似鸟类的翅膀状结构，身上具有一些向鸟类演化的特征，这使它成为一种重要的过渡性动物，能更好地证明“鸟类起源于恐龙”的理论。

每只脚上有3趾，都长着长而锋利的弯趾甲，说明它非常凶猛

小巧而敏捷

中国猎龙是一种小型恐龙，大小与现代的鸡差不多，属于伤齿龙科。所有伤齿龙科恐龙的头骨都有一些独有的特征，比如下颌牙齿之间的间距很小，牙齿数量很多。它们拥有镰刀形的爪子，脑部相对发达，感官敏锐。

中国猎龙化石

填补演化之谜的“小块头”

虽然在中国猎龙的化石中没有发现羽毛的痕迹，但恐龙专家根据其他证据推断，中国猎龙可能长有羽毛。中国猎龙的发现丰富了恐龙家族的进化史。据学者们研究，鸟类起源于兽脚类恐龙中的一支，而中国猎龙属于其中的一种。中国辽宁省存有世界上最丰富的古鸟类化石群，包括最早的有喙鸟——孔子鸟和现代鸟类的祖先辽宁鸟。

时代：白垩纪早期
家族：蜥臀目兽脚类
主要分布：中国
体长：不足1米
食性：肉食性

北票龙

北票龙是生活于白垩纪早期的一种镰刀龙类恐龙，它的化石是在中国辽宁省北票市附近发现的，所以命名为“北票龙”。

北票龙颊齿化石

北票龙的喙没有牙齿，但颊部有颊齿，这些颊齿位于口腔侧面，用于咀嚼食物

与其他镰刀龙类恐龙相比，头部相对较大

北票龙前肢的内指较小，表明它是从3指的镰刀龙的祖先演化而来的

发现化石

北票龙的正模标本现藏于中国科学院古脊椎动物与古人类研究所。该标本为一亚成年北票龙骨骼化石，包括头颅碎片、牙齿、下颌骨、3节颈椎、4节背椎、25块尾椎、不完整的肩胛骨、两侧前肢骨等化石，以及羽毛的痕迹。2009年，中国古生物学家又发现了第二头北票龙骨骼化石，包含头骨、下颌骨、9个颈椎等化石，并发现了大量独特的细长羽毛痕迹。

两种羽毛之谜

北票龙化石显示，它的身体被类似于绒羽的羽毛所覆盖。与其他兽脚类恐龙的羽毛不同，北票龙具有两种形态的羽毛，特别是第二形态的羽毛由单一且无分支的细长羽毛构成，长10~15厘米、宽3毫米。第一形态羽毛的横剖面呈圆形，而第二形态羽毛的横剖面呈椭圆形。第二形态羽毛没有弯曲或折断的迹象，显示这种羽毛相当坚韧。

这两种形态的羽毛都不是用于飞行的羽毛，古生物学家推测第一形态羽毛具有隔绝热量的功能，而第二形态羽毛则具有视觉辨识的作用，帮助北票龙在求偶和沟通中发挥作用。

北票龙化石中的细丝状皮肤衍生物以及部分尾椎

羽毛的颜色

在2014年的一项研究中，科学家通过对北票龙羽毛中的黑素体的研究，推测出其羽毛的颜色。科学家采集了北票龙颈部化石中羽毛的样本，并将其与现代鸟类黑素体作对比，分析后得出，北票龙颈部羽毛呈褐色。

时代：白垩纪早期　体长：约2.5米
家族：蜥臀目兽脚类　食性：植食性
主要分布：中国

尾羽龙

尾羽龙又名尾羽鸟，是一种小型的、约有孔雀大小的兽脚类恐龙，生活于白垩纪早期。它们全身覆盖着羽毛，外表非常类似鸟类。

邹氏尾羽龙的骨骼化石装架

具有鸟类特征的恐龙

尾羽龙既有爬行动物的样子，也有与鸟类的相似处，它就像一种连接爬行动物和鸟类的中间过渡生物，同时具有两者的一些外形和特征。尾羽龙拥有短而方正的头颅骨，喙状嘴部只残留有少量锐利的牙齿，这与早期鸟类类似。同时，尾羽龙的身躯结实，后肢发达，适于奔跑，展现出明显的恐龙特征。尾羽龙的体表覆盖着短绒羽，尾巴和前肢还存在对称排列的较长正羽，类似现代鸟类的飞羽。但是，与善于飞行的鸟类不同，尾羽龙的翅膀较短，前肢羽毛不完整，可以判断它无法飞行。

杂食为生

尾羽龙化石中存在胃石，科学家据此推测尾羽龙可能属于杂食性动物。在它的体内发现的胃石的位置大概相当于现代鸟类砂囊的位置，这一点与许多植食性恐龙相似。除此之外，与大多数肉食性的兽脚类恐龙不同，尾羽龙的牙齿上没有锯齿。

小盗龙

小盗龙属白垩纪早期生活在中国辽宁省的一种小型驰龙科恐龙。它们生活于白垩纪早期，身长只有42~83厘米，是已知最小的恐龙之一。

时代：白垩纪早期　体长：42~83厘米
家族：蜥臀目兽脚类　食性：肉食性
主要分布：中国

会滑翔的恐龙

小盗龙拥有两对独特的翅膀，分别位于前肢与后肢上。科学家推测小盗龙可能生活在树上，使用两对翅膀进行滑翔，但后肢上的羽毛也许会妨碍它们在地面行走。

四翼之谜

小盗龙独特的四翼结构引发了对鸟类飞行起源的激烈争论。小盗龙四翼的存在是否意味着鸟类的祖先曾经也拥有两对翅膀？还是小盗龙仅仅是生物在走向两翼飞行的演化道路上的“一段探索性的尝试”？

早在1915年就已经有学者提出鸟类演化曾经经历过四翼飞行阶段的观点。也有专家认为四翼起源说和两翼起源说同样具有可能性。小盗龙四翼的奥秘，似乎在告诉我们一个远古生命探索飞翔的故事。它既展现出生命形态演化的多样性，也为人类理解生物飞行的起源又增添了一个猜想。

小盗龙化石

似鳄龙

似鳄龙是白垩纪早期的一种大型兽脚类肉食性恐龙，它拥有类似鳄鱼的嘴部，外形看起来很像长吻鳄，所以它的名称在拉丁语中的意思是“鳄鱼模仿者”。

这头“鳄鱼恐龙”

与其他大型兽脚类恐龙不同，似鳄龙拥有一个非常独特的长而低矮的口鼻部，狭窄的颌部约有100颗牙齿，这些牙齿并不锐利，而是略微向后弯曲，这些牙齿的功能似乎更适合固定猎物的身体，而不是撕扯猎物的皮肉。

似鳄龙特殊的外形令人联想到以鱼类为食的鳄鱼，例如生活于印度等国的长吻鳄，它们同样拥有极长且狭窄的口鼻部，因此，人们推测，似鳄龙可能也以类似长吻鳄的方式捕食鱼类为生。

棘龙科双雄——似鳄龙与重爪龙

似鳄龙被归类为兽脚类棘龙科，棘龙科恐龙是一种大型掠食动物，它们的头部结构适合猎食鱼类。与其他大型兽脚类恐龙相比，棘龙科恐龙的骨骼不那么结实，尤其是头骨，这使一些古生物学家质疑它们是否能捕杀大型猎物。

似鳄龙和棘龙科的另一种恐龙重爪龙具有许多相似的特征，它们都有强壮的前肢和巨大的镰刀状爪。根据目前发现的唯一似鳄龙化石标本来看，它比重爪龙的体形更大。

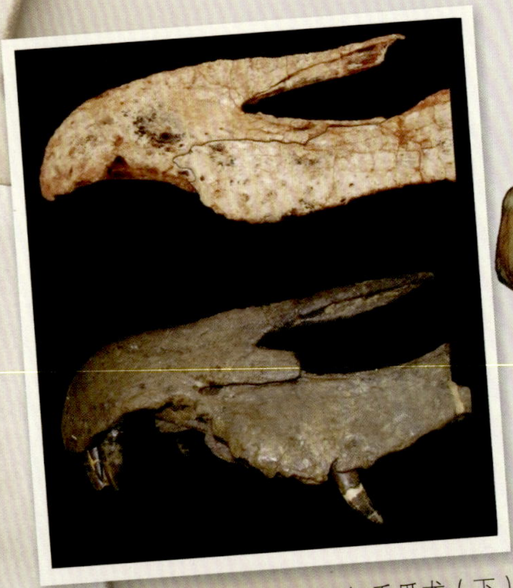

似鳄龙（上）与重爪龙（下）的吻部化石比较

堪称巨龙

似鳄龙的脊椎上有高大的延伸结构，最高处位于臀部，它们撑起皮肤组成一种帆状物。研究表明，似鳄龙身长约12米，体重3~5吨。

曾经的湿地沼泽霸主

似鳄龙是一种身躯巨大且强壮的恐龙，以鱼类为食，生活在充满沼泽和湿地的水资源丰富的地区，它与同时代的另两种顶级掠食者——始鲨齿龙和帝鳄一起统治着这里。

似鳄龙骨骼化石装架

重爪龙

重爪龙是一种生活在白垩纪早期的兽脚类棘龙科恐龙。第一具重爪龙化石于1983年在英国萨里郡被发现，这是当时在英国发现的最完整兽脚类恐龙骨骼化石之一，也是已知棘龙科恐龙中最完整的一个物种。它的发现引起了公众和媒体的广泛关注。

独特的头骨

重爪龙的头骨细长，吻部窄长，吻部前端扩张呈汤匙状，末端呈玫瑰花座形状，类似现代恒河鳄的吻突。它的前上颌骨的下缘前7厘米向下弯，而上颌骨前部的下缘则上翘，这种形状使上排齿缘呈S形。

重爪龙头骨化石

锋利的牙齿

重爪龙的牙齿边缘有锋利的锯齿，每毫米大约有6~8个锯齿，比暴龙还要多；有些牙齿有凹槽，内侧有几条小脊，牙齿的外层很光滑。与大多数兽脚类恐龙相比，重爪龙的牙齿数量较多。

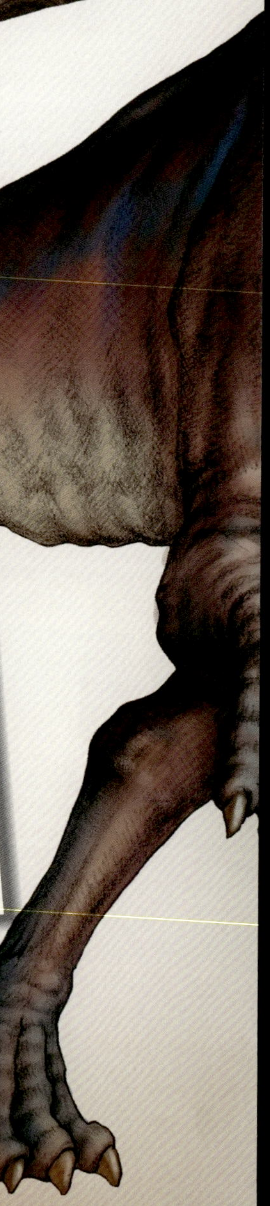

河川的霸主

重爪龙是第一个被确认具有食鱼习性的兽脚类恐龙，人们在其胃部化石里发现的鱼鳞证实了这一点。不仅如此，化石里还发现了小型禽龙的残骸，说明重爪龙也会捕食较大的动物，或者具有食腐性。古生物学家推测，重爪龙可能选择半水生的生活方式，与当时的翼龙、鳄鱼等动物一起生活在河流、滩涂等环境中。

重爪龙骨骼化石装架

时代：白垩纪早期　　体长：7.5~10米
家族：蜥臀目兽脚类　　食性：肉食性
主要分布：英国

重爪龙的利爪

恐爪龙

恐爪龙是生活在白垩纪早期的一种兽脚类肉食性恐龙，它的学名来源于古希腊文，意思是“恐怖的爪”。

揭开恐龙之谜，与鸟类有关！

恐爪龙的头骨化石

20世纪70年代，美国古生物学家约翰·奥斯特伦姆对恐爪龙的研究，改变了人们对恐龙的认知，他发现恐爪龙的爪和鸟类的很相似，这让他认为鸟类可能是从恐龙演化而来的。几十年后，这个观点被广泛接受。

虽然还没有找到恐爪龙有羽毛的证据，但是已经发现一些与恐爪龙有进化关系的恐龙化石上有羽毛的痕迹。这些羽毛分布在它们的前肢、后肢和尾巴上，形状和现代鸟类的羽毛很相似。这些发现让人们相信，很多恐龙是有羽毛的。

爪的功能之谜

恐爪龙的后肢第2趾上有非常大、呈镰刀状的爪，这个爪有13厘米长，而且爪上覆盖着坚硬的角质鞘。

关于恐爪龙爪的功能，科学家们提出了不同的观点。最初，科学家认为这个爪可能用来割破猎物的腹部，甚至有人认为它们可以划开大型角龙类的皮肤。然而，随后的研究认为这个镰刀状爪更适合刺戳猎物，而非割开猎物。还有研究人员通过模拟实验发现，恐爪龙的爪可能也利于它们攀爬上大型猎物的身体，便于它们从上往下发起攻击。至今，恐爪龙的爪到底有什么功能仍然是一个谜团。

恐爪龙的尾巴里有一连串的长骨突与骨化肌腱，这些结构使恐爪龙的尾巴硬挺，可提供更好的平衡及转弯能力

行走时，第2趾可能会缩起，仅使用第3、第4趾行走

恐爪龙的骨骼化石

时代：白垩纪早期
家族：蜥臀目兽脚类
主要分布：美国
体长：约4米
食性：肉食性

速度的快慢

长期以来，恐爪龙一直被认为是奔跑速度极快的恐龙。这种说法源自它强健的后肢和巨大的“镰刀爪”。然而，随着对恐爪龙化石的更多研究，一些证据表明它的奔跑能力可能被高估了。约翰·奥斯特伦姆通过计算恐爪龙的脚掌与胫骨比例，认为恐爪龙的后肢更适于作为猎食武器，而非奔跑工具。

不过，根据发现的恐爪龙足迹推断，它的奔跑时速可达每小时10千米，这对于体形较大的恐爪龙来说，速度不算慢。

激 龙

激龙是生活在白垩纪早期的一种兽脚类棘龙科恐龙，它的名称的意思是“令人生气、恼怒的恐龙”，因为古生物学家们最初发现激龙化石时，化石已经遭到了严重的人为破坏，一些不负责任的化石收集者为了运输和出售，改变了化石的原始面貌，严重阻碍了科学研究，这让古生物学家们倍感气愤。

牙齿特征

激龙化石的上颌骨两侧各保存了9颗牙齿，其中左上颌的牙齿的牙冠保存更为完整。激龙的牙齿呈圆锥形，边缘锋利但没有锯齿。牙冠表面有纵向的纹理，这是棘龙科恐龙的典型特征。激龙的牙齿横截面呈圆形，与大多数兽脚类恐龙的扁平状牙齿不同。它们的牙釉质较薄，表面有细微的褶皱。

时代：白垩纪早期　　体长：约7.5米
家族：蜥臀目兽脚类　　食性：肉食性
主要分布：巴西

半水生的生存策略

长期以来，棘龙科恐龙被认为是典型的陆地掠食动物，然而最近的研究发现，许多棘龙科恐龙实际上可能选择半水生的生活方式。

古生物学家发现棘龙、激龙等物种存在一些有利于水中生存的适应性特征。比如，激龙宽阔的下颌和狭窄的额骨会导致眼眶朝颅骨中线倾斜，这便于它被水浸没时仍能看见水面上的景象。这表明，激龙可能和现代鳄鱼一样，在水边栖息以及潜伏在水中捕食。

还有一些棘龙科骨骼化石显示出骨硬化的迹象，这可能是一种增加骨质密度、帮助身体更好在水中下沉的适应性特征，这也表明了棘龙科恐龙选择了半水生的生活方式。

腱龙

腱龙是一种生活在白垩纪早期北美洲的鸟臀目鸟脚类恐龙。它的身体从背部到尾部，都分布着大量的骨化肌腱来加强韧性，因而得名。腱龙的化石遍布多地，数量极为丰富，因此成为了解早期鸟脚类恐龙的重要物种。它们在当时极度繁盛，在经历了大规模的气候变化后仍繁衍了很长一段时间，表现出强大的环境适应能力。

尾巴的秘密

腱龙最显著的特征就是它们那异常粗长而强壮的尾巴，尾巴长度约为全长的三分之二，这在所有鸟脚类恐龙中是很独特的。这样强壮的尾巴有何作用？这迄今仍是一个未解之谜。

时代：白垩纪早期　体长：6~7米
家族：鸟臀目鸟脚类　食性：植食性
主要分布：美国

植食生活

腱龙生活在植物种类繁多的环境中，它们周围有蕨类、苏铁和开花种子植物以及针叶树和银杏等裸子植物形成的高大树林。成年腱龙身高约3米，它们强壮的U形吻部和斜切牙齿，让它们可以从容地吃下树叶、树枝，甚至是坚硬的树根。

鹦鹉嘴龙

鹦鹉嘴龙生活于白垩纪早期的亚洲，它的名称在希腊语中的意思是“鹦鹉蜥蜴”，源于它那独特、突出的喙状嘴。

破天荒的发现

2016年，古生物学家对一具未定种的鹦鹉嘴龙化石分析发现，鹦鹉嘴龙身上可能覆有具伪装功能的保护色。研究认为，这头鹦鹉嘴龙的身体主要呈棕色，且背部、胸部体色较深，腹部下方则较浅。

不会咀嚼

鹦鹉嘴龙的牙齿并不锐利，但它们仍可以使用这些牙齿切碎坚硬的植物。它们没有适合咀嚼的牙齿，所以会吞下胃石来磨碎食物。人们经常会在鹦鹉嘴龙化石的腹部发现胃石，有时甚至超过50颗！这说明鹦鹉嘴龙可能喜欢吃较坚硬的根茎。

鹦鹉嘴龙的头骨化石

鹦鹉嘴龙骨骼化石和皮肤化石

成年鹦鹉嘴龙和大量幼年鹦鹉嘴龙的骨骼化石同时在一地出土，表明它们可能具有集体抚育后代的习性

会是半水生生活吗?

2010年，多位科学家提出鹦鹉嘴龙可能是半水生动物。科学家们根据鹦鹉嘴龙栖息在湖边、粗壮有力的尾巴具备桨的功能及四肢结构判断，它们应该能在水中自如游动。不过，科学家们也指出，可能鹦鹉嘴龙的某些种是陆栖动物，而某些种是半水生动物。

时代：白垩纪早期　　体长：约2米
家族：鸟臀目角龙类　　食性：植食性
主要分布：中国、蒙古

禽龙

禽龙是一种生活在白垩纪早期的植食性恐龙，也是最早被人类发现的恐龙，虽然它不是第一个被正式命名的恐龙，这个殊荣属于斑龙，但是，禽龙仍然以“人类发现的第一个恐龙”而著称，它的出现开启了人类对恐龙世界的探索历程。

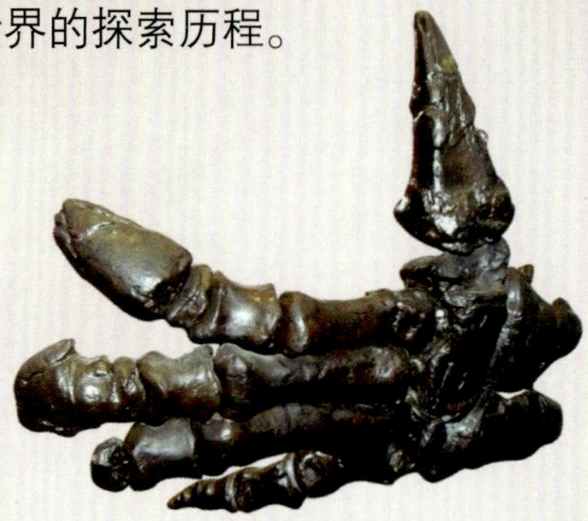

禽龙的前爪化石

咀嚼专家，植食高手

禽龙最先被注意到的特征，就是它具有植食性爬行动物的牙齿。禽龙的牙齿类似鬣蜥的牙齿，不过更大。禽龙的上下颌齿骨两侧长满了牙齿，禽龙会把食物夹在嘴里，然后上颌骨会往两边撑开，牙齿互相研磨，把植物磨碎。禽龙的牙齿还会不断替换，所以它在一生中都以坚硬的植物为食。

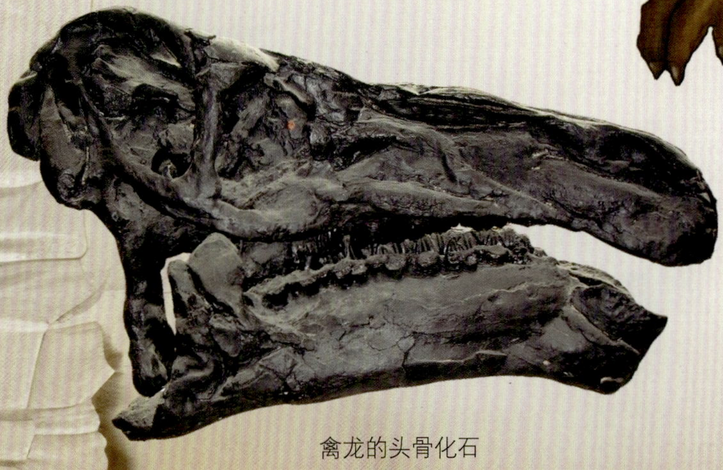

禽龙的头骨化石

前肢粗壮，但并不适合奔跑

强悍的尖爪

禽龙身上的另一个特征就是它前爪上的大拇指尖爪，这个尖爪可不是装饰品，而像一把短剑，是它的防御武器。禽龙可以用尖爪抵挡掠食者的攻击，也能挖掘植物的根和种子，甚至有古生物学家认为这个尖爪里有毒腺，但由于缺乏证据，这个观点并未被普遍接受。

时代：白垩纪早期
家族：鸟臀目鸟脚类
主要分布：比利时、英国、德国、美国、中国
体长：约10米
食性：植食性

后肢强壮，遇到危险时会转换为二足奔跑

四足动物还是二足动物?

禽龙的体态曾引起许多争论。起初禽龙被认为是鼻上有角的四足动物，但后来发现它的后肢远长于前肢，人们又认为它应该是二足动物。但经过更仔细的研究，人们发现，禽龙的前肢也适合承重。古生物学家由此推测，禽龙可能大部分时间会用四足行走且尾巴不会拖在地上，偶尔会用后肢支撑，让身体尽量直立，啃食高处的嫩叶。所以，禽龙应该融合了二足与四足动物的特点，能够灵活运用不同的体态。

敏迷龙

敏迷龙是一种小型的甲龙类恐龙，生活在白垩纪早期的澳大利亚。它是首次在南半球发现的甲龙类恐龙，属于最原始的甲龙科恐龙之一。它的名称来自于化石发现地敏迷渡口。敏迷龙的发现拓展了甲龙类恐龙的地理分布范围，提供了重要的有关甲龙演化的证据。

体形小巧，步伐缓慢

敏迷龙身长仅2米左右，身高约1米。它们有着宽大的头颅与短小的颈部，还拥有发育良好的四肢，而且后肢比前肢长。根据足迹化石分析，古生物学家推测敏迷龙可能用四肢缓慢行走。相比许多体形庞大、步伐迅速的恐龙，敏迷龙选择了一种更节省能量的行进方式，这也成为它们生存的优势。

敏迷龙头部模型

多样的鳞甲

敏迷龙身上覆盖着各种形状的骨质鳞甲。小型圆鳞甲散布在躯体上，颈部和肩部有棱脊鳞甲，臀部有长刺，尾巴上有三角形有棱脊鳞甲，这些多样的鳞甲保护着敏迷龙的全身。特别是敏迷龙脊柱两侧的垂直骨板，使它免受掠食者的伤害。这些独特的鳞甲证明了敏迷龙是一种原始的甲龙类恐龙。

种子与纤维的粉碎机

敏迷龙作为植食性恐龙，它的体形虽然不大，却拥有高度发达的咀嚼能力。一块保存完好的化石显示，它的食谱包含植物根茎、种子等。它的胃部没有胃石，说明它能充分利用牙齿来磨碎食物。

时代：白垩纪早期
家族：乌臀目甲龙类
主要分布：澳大利亚
体长：约2米
食性：植食性

多刺甲龙

多刺甲龙是一种生活在白垩纪早期欧洲地区的甲龙类恐龙，具有惹人注目的鳞甲和尖刺等特征。多刺甲龙的名字在希腊文中的意思是“许多刺”。多刺甲龙是一种植食性恐龙，它那厚实的鳞甲和尖刺具有防御掠食者的作用。

半遮半掩，头颅未现

多刺甲龙的化石被发现的并不多，人们对它的了解主要局限在身体的后半部。这类装甲恐龙最大的特征是拥有一个大型的臀部护甲，上面布满结节。目前还未发现多刺甲龙的头骨化石，所以它的头部究竟长什么样，还是个未解之谜。

时代：白垩纪早期
体长：4~5米
家族：鸟臀目甲龙类
食性：植食性
主要分布：英国

辽宁角龙

辽宁角龙是一种新发现的早期角龙类恐龙，生活在白垩纪早期。辽宁角龙的体形远比后来的角龙小，但它让我们得以一窥角龙类恐龙的早期演化历程。

视觉吸引力

辽宁角龙的头部只有不完整的角及头盾，这与后来的大型角龙类恐龙如三角龙差异很大，古生物学家推测，辽宁角龙颧骨处的角和头盾可能主要用来识别身份和炫耀，以吸引异性的注意，而非攻击或防卫。可以想象，生活在1.26亿年前的辽宁角龙可能会利用鲜艳的“头饰”在恐龙群中绽放魅力，这与现在的孔雀开屏非常相似。

时代：白垩纪早期　体长：约1米
家族：鸟臀目角龙类　食性：植食性
主要分布：中国

古角龙

古角龙是一种角龙类恐龙，生活在白垩纪早期。它的化石发现于中国甘肃省马鬃山地区。

古角龙头骨化石

植食的小型恐龙

不同于后期的角龙类恐龙，古角龙的头盾小，也没有角。古角龙是植食性恐龙，在白垩纪，它们很有可能是以当时分布最多的蕨类、苏铁科及松科植物为食。进食时，它们会用锋利的喙状嘴咬断枝叶。

时代：白垩纪早期
家族：鸟臀目角龙类
主要分布：中国
体长：约1米
食性：植食性

古角龙骨骼化石装架

雷利诺龙

雷利诺龙是一种小型的鸟脚类恐龙，生活在白垩纪早期，它的化石发现于澳大利亚维多利亚州南端的恐龙湾。

时代：白垩纪早期
家族：鸟臀目鸟脚类
主要分布：澳大利亚
体长：60~90厘米
食性：植食性

家住南极

雷利诺龙生活在南极地区。在白垩纪早期，澳大利亚的维多利亚州处于南极圈内，虽然现在的南极圈气候非常寒冷，但那时的气候较为温暖。这意味着雷利诺龙的生存范围比现在的爬行动物的生存范围要更往南。

好视力

虽然白垩纪时期的南极不像现在这般严寒，但那里仍然可能有数周或数月见不到太阳，生活在那里的雷利诺龙要在黑暗中待上很长一段时间，这让它们必须得有一双发达的眼睛。雷利诺龙的头颅骨显示，它们拥有非常大的眼球，脑部也有大型视叶，可能已演化出在黑暗环境中看清四周环境的能力。

木他龙

木他龙生活于白垩纪早期的澳大利亚东北部，是一种植食性恐龙，与弯龙、禽龙具有亲缘关系。木他龙化石是继敏迷龙化石之后，在澳大利亚发现的最完整的恐龙化石。

步态多变

木他龙的外形近似禽龙，但身体较小。木他龙既可以二足行走，也能够四足移动，它的前肢端的指骨可支撑身体重量。早期认为木他龙有尖锐的拇指，但最近的研究对此提出质疑，它们是否真的拥有这种独特的攻击武器还有待考证。

自带“大喇叭”

木他龙头部平坦，中段较尖狭窄，后段渐宽。木他龙头部最独特的地方是拥有突出向上的中空鼻骨结构。古生物学家推测这可能与发声相关，中空的鼻骨如同大喇叭，能增大音量。或许在1亿多年前，木他龙就利用这种“大喇叭”与同类进行远距离的交流。

木他龙的骨骼化石装架

能咬碎苏铁的牙齿

木他龙拥有发达的颌部和用于切割的牙齿，是白垩纪早期的强劲植食者。它只有一排替换牙齿，也没有后期鸟脚类恐龙复杂、持续替换的齿系，所以无法将植物咀嚼得非常细碎，但它的牙齿侧面具有低矮的棱脊，能咬碎坚硬的植物，比如硬实的苏铁。

木他龙的头骨化石

时代：白垩纪早期
家族：鸟臀目鸟脚类
主要分布：澳大利亚
体长：约10米
食性：植食性

白垩纪晚期恐龙

鲨齿龙

鲨齿龙是一种巨型肉食性恐龙，生活于白垩纪晚期的北非，它的名称的意思是“拥有鲨鱼牙齿的蜥蜴”。

鲨齿龙头骨化石

巨型食肉恐龙

鲨齿龙身长约13米，体形巨大，它们拥有庞大、侧扁的颌部，牙齿又长又扁，边缘呈锯齿状。研究发现，鲨齿龙的颌部、颈部力量超强，以至能用嘴含住并举起重达400多千克的猎物。

时代：白垩纪晚期　体长：约13米
家族：蜥臀目兽脚类　食性：肉食性
主要分布：摩洛哥、阿尔及利亚、埃及

原巴克龙

原巴克龙生活在白垩纪晚期的中国内蒙古，是一种植食性恐龙。

原巴克龙的脚印化石

身体特征

原巴克龙有修长的前肢，前肢上的第1指有小型指刺。原巴克龙的口鼻部狭窄、下颌修长，嘴里有多排齿系，每个齿系各有两排平坦的颊齿和一排用来替换的牙齿。原巴克龙可能主要以四足方式行走，并具有一些鸭嘴龙科恐龙常见的特征。

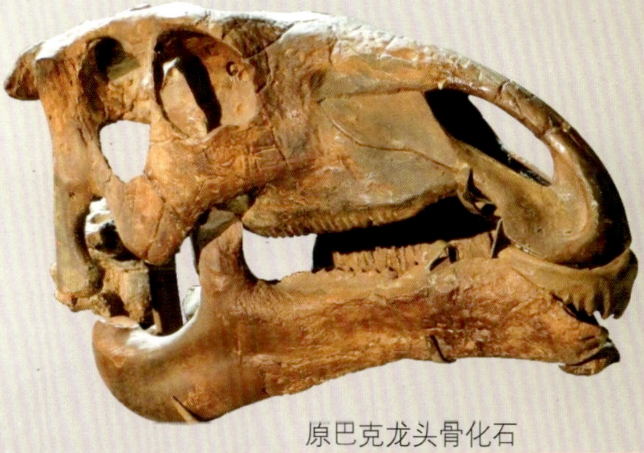

原巴克龙头骨化石

时代：白垩纪晚期
家族：鸟臀目鸟脚类
主要分布：中国
体长：约6米
食性：植食性

南方巨兽龙

南方巨兽龙是鲨齿龙科下的一种恐龙，生活于白垩纪晚期。它的化石被发现于阿根廷巴塔哥尼亚的坎德洛斯组地层。它的名称的意思是“巨大的南方蜥蜴”。

第三巨头

南方巨兽龙与暴龙、棘龙并称为白垩纪晚期大型肉食性恐龙三巨头，它的体形与暴龙相当，仅次于棘龙。作为白垩纪晚期的“三巨头”之一，南方巨兽龙虽然体形略小于棘龙，咬合力及吨位略逊于暴龙，但在它所生存的南方，这样的体形和力量仍是同时代其他恐龙所难以企及的。

巨无霸的嗅觉

南方巨兽龙的头颅骨比暴龙还要大，但脑容量较小。它们拥有灵敏的嗅觉，可以在远距离发现并追踪猎物。

集体狩猎

南方巨兽龙的“亲戚”马普龙经常成群出没，这表明它们可能会集体狩猎。此外，在南方巨兽龙化石旁发现过巨型植食性恐龙的化石，说明南方巨兽龙可能也会团队合作，猎杀体形比自己还大的恐龙。南方巨兽龙或许揭示了即便是身处食物链顶端的巨型猎食者，也会依靠群体力量来获得食物。

前肢有3指，上有利爪

南方巨兽龙的骨骼化石装架

南方巨兽龙的头骨化石

向内弯曲的牙齿

时代：白垩纪晚期　　体长：约13米
家族：蜥臀目兽脚类　　食性：肉食性
主要分布：阿根廷

食肉牛龙

食肉牛龙生活于白垩纪晚期的南美洲，它的化石发现地在现今的阿根廷巴塔哥尼亚丘布特省，它是南半球最知名的兽脚类恐龙。

独有的双角

食肉牛龙的眼睛上方长有厚犄角，这在所有兽脚类恐龙中绝无仅有。这对犄角的功能一直众说纷纭，有人认为它们类似现代羊的犄角，可以用来撞击或刺伤猎物；也有人说，食肉牛龙使用这对犄角在争夺配偶时推挤同性。尽管这对犄角究竟有什么功能至今还不得而知，但也早已成为食肉牛龙与众不同的标志。

短但强壮的前肢

食肉牛龙的前肢非常短，是所有大型兽脚类恐龙中最短的，大概只有大腿的四分之一长。食肉牛龙没有腕骨，掌骨直接与前肢相连，这种结构看似短小，却让食肉牛龙的前肢非常有力，也许能像一对强大的“刀叉”，帮它们高效地进食。

力量与速度的完美结合

食肉牛龙的头部结构表明它具有强大的捕猎能力。它那强健的头骨可以承受撕咬大型猎物的压力，发达的咬合肌能实现快速咬合，锯齿状牙齿适合重创猎物。尽管它的后肢骨骼化石没有完整地保存下来，但推测它的后肢长而强壮，擅长奔跑，能够快速追赶小型猎物。力量与速度的完美结合使它成为可怕的掠食者。

食肉牛龙尾部的皮肤压痕化石

皮肤化石

食肉牛龙化石附近发现了大量皮肤压痕化石。这些痕迹来自食肉牛龙不同的身体部位，最大的一块来自尾巴的前部。此外，沿着颈部、背部和尾部侧面的皮肤上还不规则地排列着许多圆锥形突起，这些突起可能是密集的鳞甲，在食肉牛龙打斗时保护它的身体。

后腿长而强壮，表明食肉牛龙擅长高速奔跑

食肉牛龙的骨骼化石装架

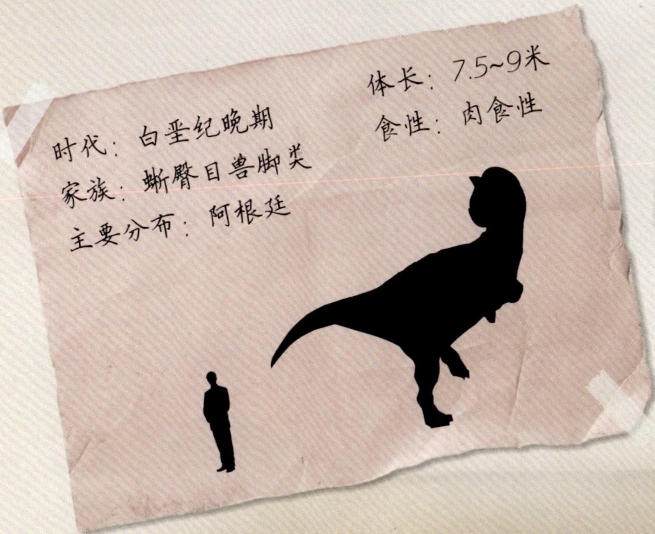

慢 龙

慢龙的学名意为“缓慢的蜥蜴”，它是一种兽脚类恐龙，属于镰刀龙科。它生活在白垩纪晚期，化石发现于蒙古。

发现与命名

1973年，苏联和蒙古联合考察队在蒙古东南部的戈壁沙漠中发现了一种未知恐龙的部分骨骼化石。1974年至1975年，人们在周边地区又发现了更多遗骸，尽管这些骨骼不完整，但保存状况良好。1979年，古生物学家对这些化石进行了研究，将该恐龙命名为“慢龙”。

慢龙的蛋化石

时代：白垩纪晚期
家族：蜥臀目兽脚类
主要分布：蒙古
体长：6~7米
食性：植食性

皱褶龙

皱褶龙的学名意为“有皱纹面孔的蜥蜴”，这是一种兽脚类恐龙，生活在白垩纪晚期。2000年，皱褶龙的头颅骨化石在非洲的尼日尔被发现。

皱褶龙的前肢可能非常短，这两个前肢也许在打斗中没什么用处，只是用于平衡身体

时代：白垩纪晚期　体长：约6米
家族：蜥臀目兽脚类　食性：肉食性
主要分布：尼日尔

神秘的头部

皱褶龙的头部表面覆盖着鳞甲和两列凸起的冠状物，内部布满血管。古生物学家认为，这种冠状物不像是为了打斗而发育的，倒可能是为了方便将头伸入猎物体内取食，为此，他们提出皱褶龙可能是食腐动物。另外，褶皱龙头骨上还有两排神秘的洞孔，古生物学家猜测这些洞孔可能生长有某种华丽的头饰物，与求偶有关。

懒爪龙

懒爪龙的学名有“类似树懒的爪”的意思，因为它的爪会让人联想起已经灭绝的巨大的地懒。懒爪龙生活在白垩纪晚期，其化石发现于美国，是北美洲发现的第一个镰刀龙科恐龙，之前发现的镰刀龙科恐龙都来自中国与蒙古。

温暖潮湿的环境

懒爪龙的外形有点儿类似树懒，它喜欢栖息在有河口、沼泽的森林里。当时的地球非常温暖，海平面比现在高约300米，干燥陆地较少，这为懒爪龙的生存提供了极好的环境。

是否披羽之谜

在懒爪龙亚洲近亲的化石上保存有羽毛痕迹，表明它们的体表可能也覆盖着像现代鹤鸵一样的绒毛。由于懒爪龙生活的湿热环境难以保存脆弱的羽毛，目前还没有在它们的化石上发现羽毛痕迹。因此，懒爪龙体表上是否拥有绒羽，还有待进一步研究。

时代：白垩纪晚期
体长：4.5~6米
家族：蜥臀目兽脚类
食性：植食性
主要分布：美国

大盗龙

大盗龙的学名有“巨大的盗贼”的意思，表明它是一种大型的兽脚类肉食性恐龙。它生活在白垩纪晚期，其化石发现于阿根廷。

1998年，人们在南美洲南部发现了一个大盗龙前肢上的镰刀形的爪化石

醒目的指爪

大盗龙身长8~9米，体格健壮，但体态轻盈，是迅猛的捕食者。大盗龙最为醒目的特征就是它发达的第1爪。这个爪长40多厘米，呈镰刀状，外形与驰龙的镰刀状爪非常相似。

时代：白垩纪晚期　体长：8~9米
家族：蜥臀目兽脚类　食性：肉食性
主要分布：阿根廷

镰刀龙

镰刀龙是一种大型的兽脚类恐龙，属于镰刀龙科，它的学名的意思是“镰刀蜥蜴”。

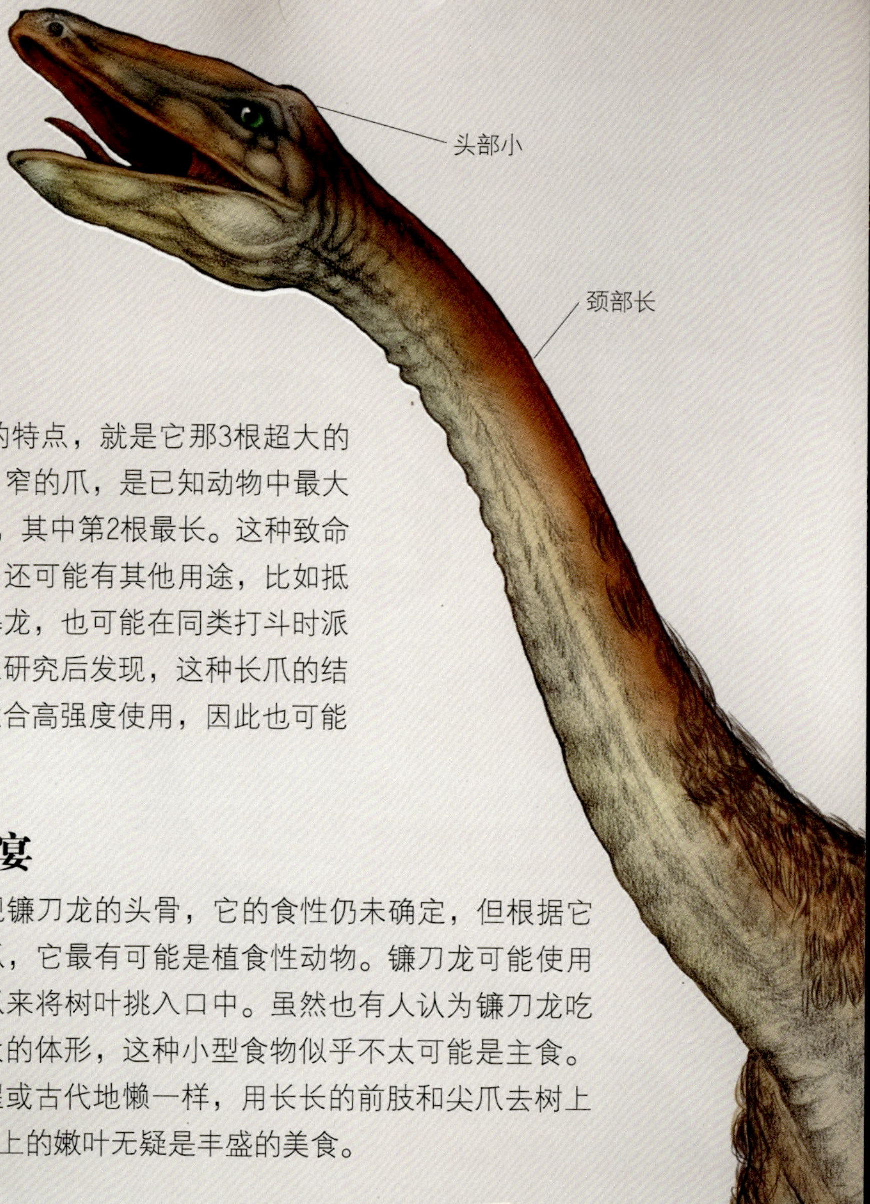
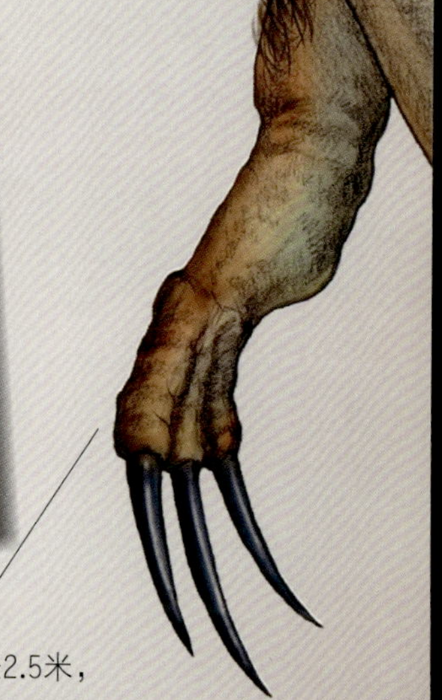

醒目的利爪

镰刀龙最引人注目的特点，就是它那3根超大的前肢利爪。这些长、弯、窄的爪，是已知动物中最大的，长度可达60~90厘米，其中第2根最长。这种致命利器似乎不仅用于捕食，还可能有其他用途，比如抵御同时代的掠食者如特暴龙，也可能在同类打斗时派上用场。也有古生物学家研究后发现，这种长爪的结构似乎非常脆弱，并不适合高强度使用，因此也可能只在求偶时用来展示。

镰刀龙的叶子盛宴

由于至今还没有发现镰刀龙的头骨，它的食性仍未确定，但根据它那巨大的身体和特化的爪，它最有可能是植食性动物。镰刀龙可能使用那些长长的、弯曲的利爪来将树叶挑入口中。虽然也有人认为镰刀龙吃白蚁，但考虑到它那巨大的体形，这种小型食物似乎不太可能是主食。镰刀龙或许像现代大猩猩或古代地懒一样，用长长的前肢和尖爪去树上采摘嫩叶，对它来说，树上的嫩叶无疑是丰盛的美食。

锋利的爪

从海龟到恐龙的传奇

镰刀龙的分类历程充满戏剧性。它被发现者首次命名时，被认为是一种拥有巨型利爪的奇特的大海龟。后来，古生物学家才将它作为一个单独的恐龙种类。而它在兽脚类恐龙中的归属也是一波三折，尽管现在它的分类已较为明确，但过去曾被认为是蜥脚类恐龙，甚至还被认为是鸟臀目恐龙。

镰刀龙的骨骼化石装架

时代：白垩纪晚期
家族：蜥臀目兽脚类
主要分布：蒙古
体长：约10米
食性：植食性

后肢有4趾，和典型兽脚类恐龙只有3趾不同。通过这种独特的4趾脚印，古生物学家发现镰刀龙类恐龙可能曾在阿拉斯加地区生活

棘 龙

棘龙的学名意为“有棘的蜥蜴”，是目前已知体形最大的肉食性恐龙之一，也是体长最长的肉食性恐龙之一。不过，作为体长最长的肉食性恐龙，它的体重却低于暴龙和其他大型兽脚类恐龙。

棘龙的真实身材

长久以来，棘龙都被认为是最大的兽脚类恐龙，但到底有多大，还是一直没有定论。早期研究认为，棘龙身长可达15米，体重超过6吨；2005年，一项研究声称棘龙身长可达18~20米，重达20~23吨；最新的研究又否定了以前的说法，认为棘龙可能没有那么大。2008年，根据最新出土的一个棘龙头颅骨分析，棘龙身长只有大约14米，体重12~21吨。

直至今日，关于棘龙的真实大小，专家们仍有分歧，但可以确定的是，它绝对是白垩纪最大的掠食恐龙之一。

棘龙骨骼复原图

多功能的“帆”

与其他肉食性恐龙不同，棘龙的背部拥有独特的帆状物，这个巨大的“背帆”有什么功能呢？最近的研究揭示，这个帆状物可能具有多种功能：白天它能最大限度地吸收阳光带来的热量，到了夜间，又能迅速散发体热，起到调节体温的作用；在求偶季节，公棘龙会特意展示自己高大帅气的背帆，吸引异性注意，这与公孔雀开屏很相似；遇到威胁时，棘龙可以竖起背帆，瞬间把身形放大，以威吓对手。这个背帆巧妙地具有多种功能，展现出棘龙的进化智慧。

吃鱼吗？

关于棘龙的食性一直存在争议，它究竟是陆地掠食者，还是水域掠食者？化石显示，棘龙拥有长长的吻部和位置较高的鼻孔，类似现代鳄鱼，由此猜测它可能主要以鱼为食。此外，在棘龙的近亲——重爪龙的胃部化石中发现了鱼类鳞片，进一步证实了这一猜测。

古生物学家分析了棘龙牙齿中的氧同位素成分，发现其成分与现代乌龟和鳄鱼的非常接近，而与陆生肉食性恐龙不同。这表明棘龙很可能融合了陆生和水生的生存方式，它可能将整个身体没入水中，既伏击鱼类，又利用巨大的鼻孔在水面探测靠近河边的陆生动物。这种半水生的生活方式使棘龙能够避免与其他体形巨大的陆地掠食恐龙形成食物竞争。

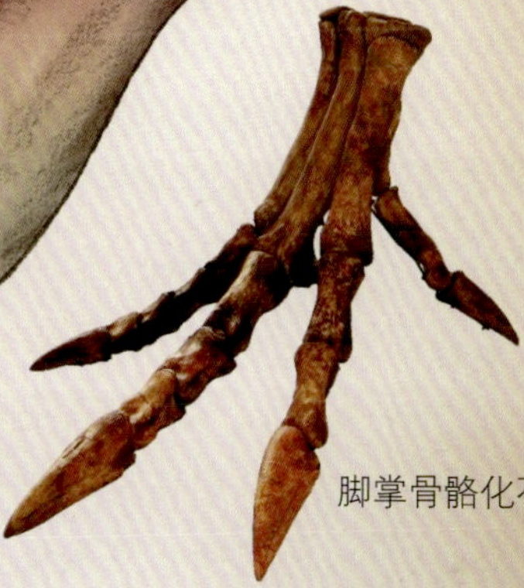

脚掌骨骼化石

多样化食性

在南美洲发现的一个翼龙化石上，嵌入了一处棘龙牙齿的痕迹，这表明棘龙偶尔会捕食这些飞行动物。这进一步说明棘龙的食性非常广泛，能够灵活利用陆地和水域环境，获得充足的食物。另外，重爪龙的胃部也发现了禽龙幼体的骨骼，这进一步说明棘龙的食性具有多样化的特征。

时代：白垩纪晚期　体长：约14米
家族：蜥臀目兽脚类　食性：肉食性
主要分布：埃及、摩洛哥

伶盗龙

伶盗龙又称“迅猛龙”，它的名称在拉丁文中有“敏捷的盗贼”的意思，它是兽脚类驰龙科恐龙的一种，生活在白垩纪晚期。伶盗龙和现代鸟类的关系非常接近。

镰刀爪

伶盗龙的前肢掌部结构非常灵活，有3根弯曲且锐利的大爪，可用来攻击、捕捉猎物。它的后肢上第2爪更独特，进化成一个巨大的镰刀状爪，可达6.5厘米长，是一个致命的近距离攻击武器。奔跑时，这个“镰刀”可以缩起离开地面。这种独特的大镰刀爪也是驰龙科与伤齿龙科恐龙的典型特征。

伶盗龙的狩猎秘密

发现于1971年的化石标本——“搏斗中的恐龙”，展现了伶盗龙和原角龙搏斗的情形，也揭示了伶盗龙是在夜间活跃的猎食者。有人认为伶盗龙会用镰刀爪割开猎物腹部，但实验表明镰刀爪更适合刺穿猎物的要害如颈动脉。尽管在很多科幻电影中伶盗龙会合作狩猎，但目前还没有直接证据支持这一点，它们的狩猎模式仍是未解之谜。

时代：白垩纪晚期
家族：蜥臀目兽脚类　体长：约2米
主要分布：中国、蒙古　食性：肉食性

伶盗龙的另一面——食腐

最近的一些发现揭示了伶盗龙的另一面生活。在一个化石挖掘现场，古生物学家发现一块原角龙的颌骨周围环绕着伶盗龙的齿痕和散落的牙齿。这意味着伶盗龙可能在其他掠食者猎获原角龙后，前来分食原角龙的尸体。这表明，除了猎食，伶盗龙也会食腐，这种多样的食性对它获取充足的食物非常重要。

伶盗龙头骨化石

伶盗龙骨骼化石装架

伶盗龙身上的秘密——羽毛

长期以来，古生物学家推测伶盗龙身上应该覆盖着羽毛，但一直缺乏直接证据。2007年，一个突破性的发现证实了这一猜想。在一具伶盗龙前肢化石上，清晰可见6处羽茎瘤痕迹。现代鸟类骨头上的羽茎瘤是用来帮助固定羽毛的，同样的羽茎瘤出现在伶盗龙身上，表明伶盗龙体表确实也覆盖着羽毛。

窃蛋龙

窃蛋龙是一种小型的兽脚类恐龙，属于偷蛋龙科。研究发现，它的近亲尾羽龙的胃中有胃石，表明窃蛋龙可能是植食性恐龙。此外，在窃蛋龙的腹中发现了蜥蜴残骸，这说明它可能是杂食性动物。

误会之名

窃蛋龙的名字在拉丁语中的意思是“偷蛋贼”，这个名字来自它的化石被首次发现时的场景。当时，人们在一个原角龙蛋巢化石的上方发现了一具恐龙化石，所以这只恐龙被认为是正在偷吃原角龙蛋。后来的研究发现，当初的那些原角龙蛋其实是窃蛋龙自己的蛋，它并不是偷蛋的“小偷”，而只是正在孵化后代的好父母。可惜，根据国际的生物命名规范，名称一旦发表后就无法随意更改，这个误会就一直延续下来了。

窃蛋龙的蛋化石

时代：白垩纪晚期　体长：1.8～2.5米
家族：蜥臀目兽脚类　食性：植食性或杂食性
主要分布：中国、蒙古

身披羽毛的温柔妈妈

窃蛋龙可能是最像鸟类的恐龙，它的全身覆盖着羽毛。另外，窃蛋龙的孵蛋姿势也显示它会用“翅膀”覆盖蛋巢，就像现代的母鸡一样孵化后代，因此，它可以说是最温柔的恐龙妈妈。

葡萄园龙

葡萄园龙的学名意为“藤蔓蜥蜴”，是一种蜥臀目蜥脚类泰坦巨龙类下的恐龙，化石发现于法国南部，它是法国出土的最著名恐龙之一。

背部长着由皮内成骨构成的鳞甲，有板状、球状和棘刺状3种形态

葡萄园龙股骨化石

缓慢的成长历程

与其他蜥脚类恐龙不同，葡萄园龙具有非常独特的生长模式。葡萄园龙在幼年期的生长速度较快，但在性成熟后，它的骨骼发育开始变得缓慢。这与其他蜥脚类恐龙长期保持快速生长的模式截然不同。

古生物学家推测，这可能是葡萄园龙适应食物来源减少的一种举措，通过减缓生长速度，它可以更好地在资源有限的环境中生存。所以，慢生长是葡萄园龙在白垩纪成功生存的独特“法宝”。

时代：白垩纪晚期　体长：约15米
家族：蜥臀目蜥脚类　食性：植食性
主要分布：法国

萨尔塔龙

萨尔塔龙是一种蜥脚类恐龙，也属于泰坦巨龙类。它生活于白垩纪晚期，它的化石被发现于阿根廷西北部的萨尔塔省，所以得名“萨尔塔龙”。

古老的装甲

在萨尔塔龙化石中，人们发现了大量零散的有人类手掌大小的骨板，以及排列整齐的小型骨板。这些骨板独立于骨骼，起初这些骨板被误认为是甲龙的。直到确认骨板覆盖在萨尔塔龙身上时，才知道蜥脚类恐龙也可能演化出骨板装甲。之后，人们在其他蜥脚类恐龙身上也发现了类似鳞甲的结构。这些事实表明，部分大型恐龙也进化出了轻型护甲，以抵御敌害或调节体温。

独特的脊柱结构

萨尔塔龙脊椎上的一些独特结构，揭示了它的特殊生活方式。萨尔塔龙尾部的中段尾椎延长，椎骨上侧孔呈浅凹，这增加了尾巴的灵活性。此外，萨尔塔龙的脖子里的每个颈椎骨有突出的棘突，可为颈部肌肉提供坚固的附着点。有古生物学家认为，它们能够以后肢站起，并将尾巴作为支撑，颈部作近似垂直状伸长，以啃食到较高处的嫩叶。

萨尔塔龙的蛋化石

巨大的蛋巢化石区

1997年，古生物学家在阿根廷发现了大规模的萨尔塔龙蛋巢化石区，这为人们提供了萨尔塔龙是如何繁殖的这一重要信息。这个广阔的蛋巢化石区拥有数百个蛋巢化石，每个蛋巢化石内约有25枚蛋化石。这说明萨尔塔龙是群居动物，它们会选择在一个地方一起产蛋并共同照看后代。

萨尔塔龙的牙齿像铅笔一样呈细圆筒状，末端呈铲状

时代：白垩纪晚期　体长：约12米
家族：蜥臀目蜥脚类　食性：植食性
主要分布：阿根廷、乌拉圭

拟鸟龙

因为拟鸟龙的样子很像鸟类，除了尾巴较长，它的样子和现代鸵鸟比较相似，所以它的学名意为“鸟类模仿者”。它是窃蛋龙类恐龙的一种，生活于白垩纪晚期的蒙古。

锯齿喙状嘴

拟鸟龙没有牙齿，取而代之的是喙状嘴，嘴形类似鹦鹉的喙。它的上颌前端有一排牙齿状的锯齿突起，可以更有效地咬断植物根茎，也表明拟鸟龙可能是杂食性动物。

时代：白垩纪晚期　体长：约1.5米
家族：蜥臀目兽脚类　食性：杂食性
主要分布：蒙古

拟鸟龙的骨骼化石装架

飞行之谜

拟鸟龙的前肢骨互相合并，类似鸟类翅膀，骨上也有隆起的肌肉附着处。拟鸟龙的前肢有羽茎瘤，可能长有飞羽，早期认为它能够飞行。但目前由于证据不足，科学家不再认为拟鸟龙能飞，这种前肢结构可能主要方便其爬树或在地面奔跑。

似鸟龙

似鸟龙是一种杂食性兽脚类恐龙。似鸟龙生活于白垩纪晚期，和暴龙、三角龙、甲龙、肿头龙和爱德蒙托龙生活在同一个时代。

灵巧的手

似鸟龙拥有长且笔直的指、趾。古生物学家推测似鸟龙会用其特殊的“手”勾住树枝，将嫩叶扯下来进食。但后来也有一些证据显示，似鸟龙可能如同现代火烈鸟般以浮游生物或昆虫、甲壳类动物为食，所以它们那独特的“手”的真正作用仍是一个未解之谜。

敏捷的奔跑者

似鸟龙是两足奔跑的恐龙，它具有修长的后肢，还拥有由40节尾椎构成的长尾巴，可在奔跑时保持身体平衡。似鸟龙的骨头中空且轻盈，表明它演化成了敏捷的奔跑者。

时代：白垩纪晚期　　体长：约3.5米
家族：蜥臀目兽脚类　　食性：肉食性
主要分布：美国、加拿大、墨西哥

似鸟龙趾印化石

似鸡龙

似鸡龙的学名有“鸡的模仿者”之意，它是一种奔跑速度非常快的两足恐龙，它的样子更像现代的鸵鸟。似鸡龙的化石虽然出土不多，但有很完整的骨骼化石，所以它是被研究得最为透彻的恐龙之一。

前肢和后肢

似鸡龙的前肢比其他似鸟龙类恐龙更为短小，前肢有三根弯曲的爪子，可以灵活地勾取树枝。它的后肢较长，是一种行动敏捷的恐龙，可以利用速度逃避捕食者。

可能是杂食性

似鸡龙的喙状嘴上有鸭子一样的带有滤食功能的类棱脊，所以早期的观点认为它像鸭子一样是以昆虫、甲壳类动物为主的滤食性动物。后来，人们发现它栖息的环境较为干旱，水中滤食不太可行，而且相似的类棱脊也在其他杂食性动物身上发现过，所以目前人们认为似鸡龙可能是杂食性动物。

似鸡龙骨骼化石

时代：白垩纪晚期　　体长：4~6米
家族：蜥臀目兽脚类　　食性：杂食性
主要分布：蒙古

鸭嘴龙

鸭嘴龙是一种植食性的鸟臀目鸟脚类恐龙，生活于白垩纪晚期的美洲、亚洲、欧洲等地。它的嘴像现代的鸭子一样，有特殊的扁平构造，它也因此而得名。

英国雕塑家和自然历史艺术家本杰明·沃特豪斯·霍金斯修复的鸭嘴龙骨骼化石装架

独特的咀嚼方式

古生物学家在2009年的一项研究中发现，鸭嘴龙具有相当独特的咀嚼方式，与现代的任何植食性动物都有所不同。现代植食性动物依靠灵活的下颌关节进行咀嚼，而鸭嘴龙的上颌和颅骨之间有一个链关节，这种特殊的结构使得鸭嘴龙在进食时，上颌会向前撑开，而下颌则会相对地与上颌咬合。这种独特的进食方式更为高效，能让鸭嘴龙顺利地嚼碎植物的纤维，获取其中的营养。

鸭嘴龙的蛋化石

时代：白垩纪晚期　　体长：约8米
家族：鸟臀目鸟脚类　　食性：植食性
主要分布：中国、美国、西班牙

暴龙

暴龙的学名意为“残暴的蜥蜴王”，又称“霸王龙”。暴龙是体形最大的肉食性恐龙之一，生活在白垩纪晚期，是生存年代最晚的大型肉食性恐龙，在异特龙等其他大型肉食性恐龙灭绝后才迅速崛起。

超级牙齿

暴龙的上颌前部紧密排列着四颗牙齿，每颗牙齿的横截面呈D形，牙齿后表面有加强脊，尖端呈凿状并且向后弯曲，这种结构有助于减少咬合和拉扯时牙齿折断的风险。另外，暴龙的牙齿内部有一个缓冲层，可减缓猎物挣扎时的震动，防止牙齿断裂。

奔跑之谜：缓慢还是高速？

关于暴龙的奔跑能力一直存在争议。一些研究认为它的腿部结构不利于奔跑，且身体太重，奔跑速度最多达每小时17千米。但也有观点认为它较修长的腿部与稳固的踝关节有利于奔跑，中速奔跑时就可达每小时40千米。虽然暴龙的奔跑能力至今还没有定论，但无论如何，它的速度应该高于许多猎物。

体温调节

关于暴龙体温的研究也引发了热烈讨论。最初人们认为暴龙像大部分恐龙一样是冷血动物，但后来的研究认为它很可能属于恒温动物，拥有非常活跃的代谢。暴龙作为顶级掠食者，活动量大，适度调节体温对它来说是有益的，但体温调节能力不太可能达到鸟类或哺乳动物的水平。

时代：白垩纪晚期 体长：约15米

家族：蜥臀目兽脚类 食性：肉食性

主要分布：美国

顶级掠食者还是大型食腐动物？

关于暴龙的食性存在两种对立观点。传统观点认为它是顶级掠食者，但也有观点认为它更像食腐动物。争议主要在于它略微退化的前肢、发达的嗅觉系统和相对较慢的移动速度。然而，暴龙向前的双眼和强大的咬合力表明它确实能猎食。此外，人们发现一些恐龙身上有暴龙的咬痕，说明暴龙会攻击活物。因此，暴龙可能既会主动猎食，也会食用其他动物的尸体。

粗壮与纤细的身材之谜

随着更多化石被发现，暴龙开始展现出两种不同的体形：粗壮与纤细。起初人们认为这是性别差异导致的，粗壮的被认为是雌性暴龙，因为粗壮个体的宽骨盆与缩小的骨化组织似乎与产蛋有关。但最近的研究发现，这些特征并不可靠，两种体形差异更可能源自不同的地域及年龄。

特暴龙

特暴龙的学名意为“骇人的蜥蜴”。它生活在白垩纪晚期的亚洲地区，是一种兽脚类肉食性恐龙，位于食物链顶端，以大型植食性恐龙为食。

独特的颅骨结构

特暴龙的头骨结构与北美洲的暴龙有明显差异，主要体现在咬合时力的传导方式不同。特暴龙演化出更坚固的上颌结构，但下颌的灵活性较差，这可能是对猎食大型恐龙的适应。

在暴龙科恐龙中，特暴龙的前肢和身体的比例是最小的

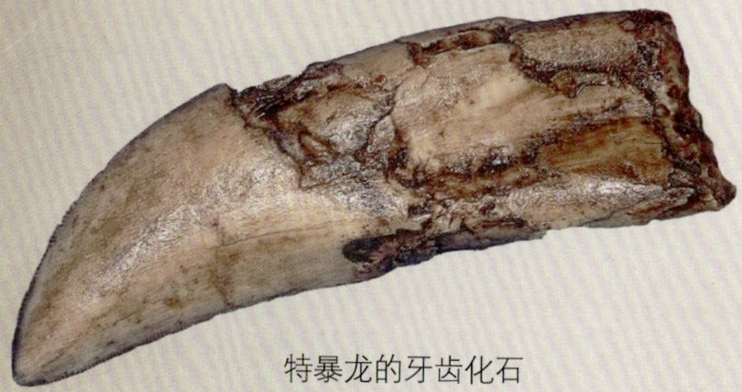

特暴龙的牙齿化石

特暴龙的骨骼化石装架

敏锐的嗅觉和听觉

特暴龙的脑部结构与暴龙的非常相似，但品系发育明显不同。特暴龙那发达的嗅区与分离的犁鼻器表明它拥有更灵敏的嗅觉、更强大的听力，但视觉区域则较小，这说明特暴龙在捕猎时更依赖嗅觉和听觉而不是视觉。

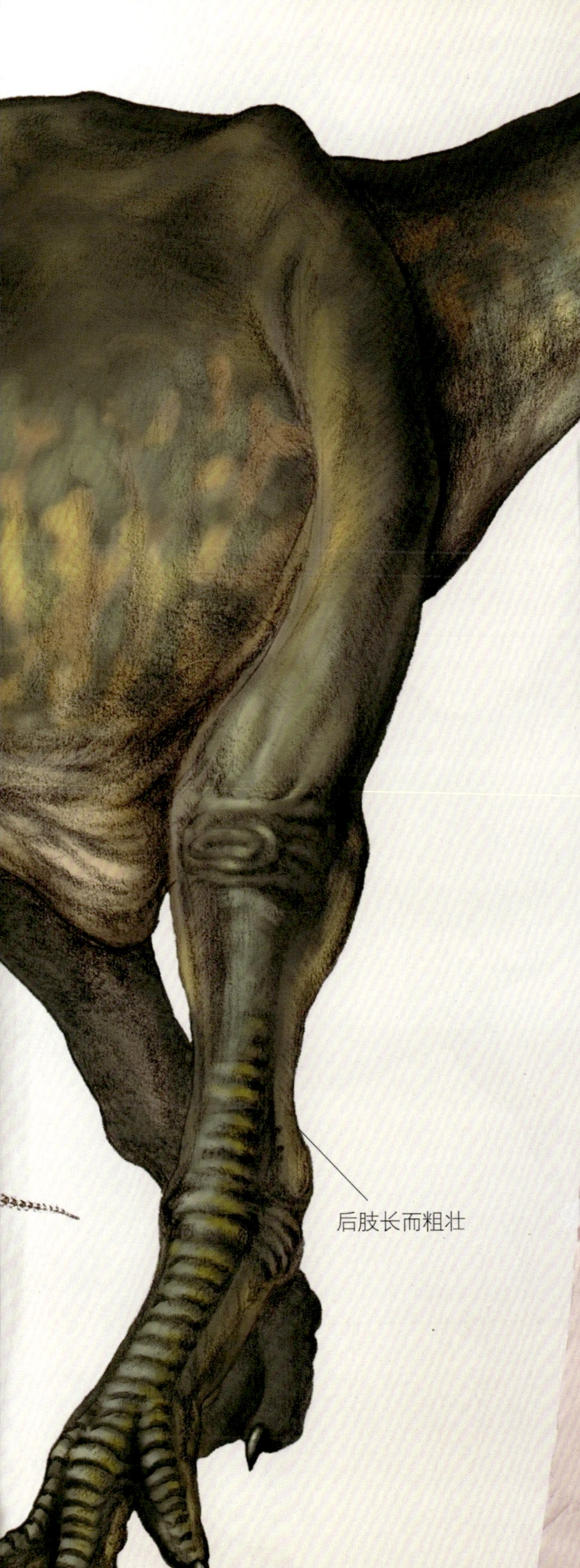

幼年特暴龙的化石

旱季与湿季交替的环境

特暴龙的大部分化石发现于蒙古南部干湿分明的地区。这里过去是河水泛滥的平原，动植物种类丰富，数量充足，足以养活大型恐龙。特暴龙适应了这一环境，成为这个地区的顶级掠食者。

阿尔伯塔龙

阿尔伯塔龙是暴龙科阿尔伯塔龙亚科恐龙的一种，生活在约7100万年前。它们的化石是在加拿大的阿尔伯塔省发现的，于是人们就把它们命名为“阿尔伯塔龙”。

阿尔伯塔龙的头骨化石

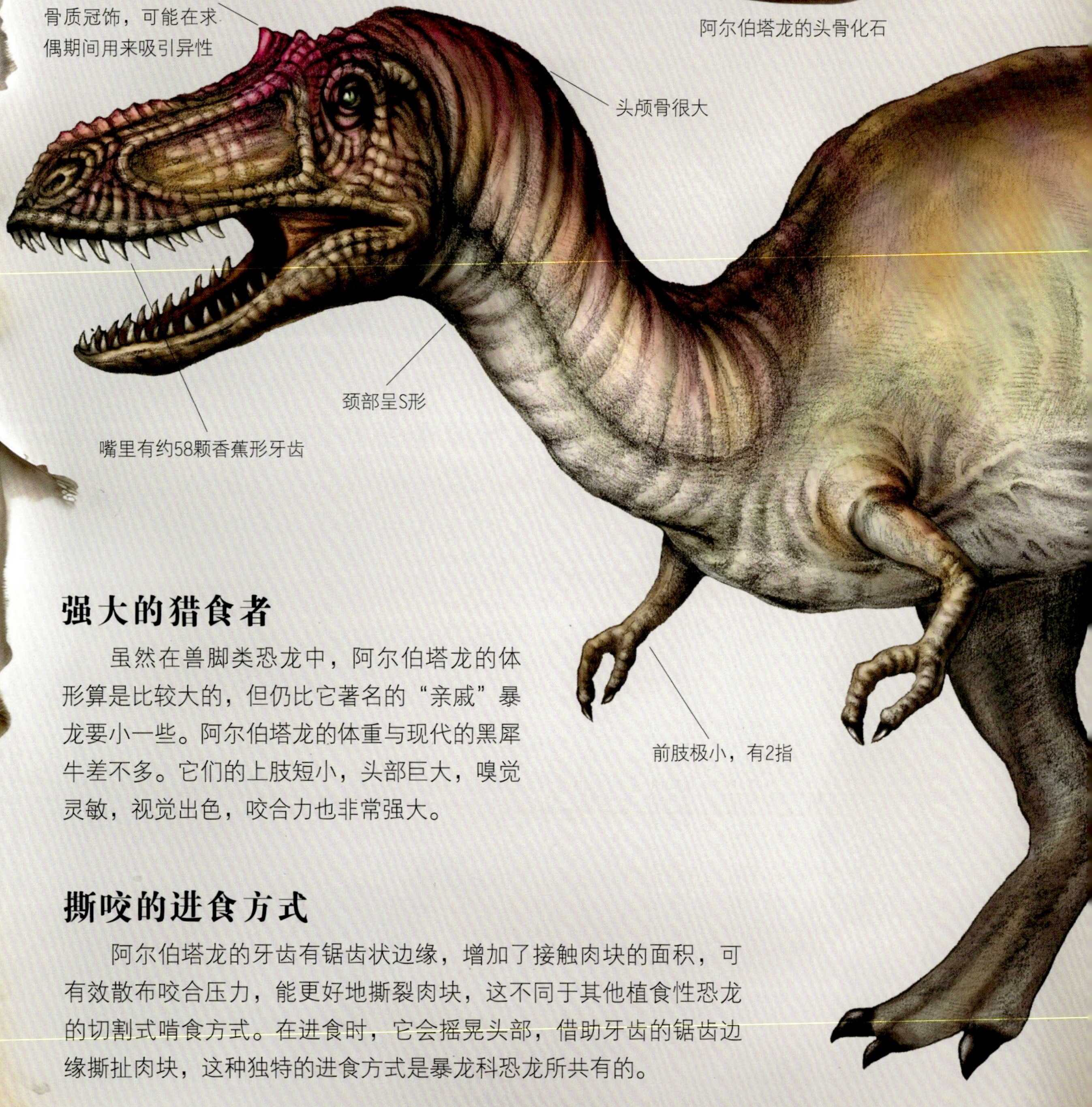

强大的猎食者

虽然在兽脚类恐龙中，阿尔伯塔龙的体形算是比较大的，但仍比它著名的“亲戚”暴龙要小一些。阿尔伯塔龙的体重与现代的黑犀牛差不多。它们的上肢短小，头部巨大，嗅觉灵敏，视觉出色，咬合力也非常强大。

撕咬的进食方式

阿尔伯塔龙的牙齿有锯齿状边缘，增加了接触肉块的面积，可有效散布咬合压力，能更好地撕裂肉块，这不同于其他植食性恐龙的切割式啃食方式。在进食时，它会摇晃头部，借助牙齿的锯齿边缘撕扯肉块，这种独特的进食方式是暴龙科恐龙所共有的。

时代：白垩纪晚期
家族：蜥臀目兽脚类
主要分布：加拿大
体长：约9米
食性：肉食性

阿尔伯塔龙的骨骼化石装架

群居生活还是突发灾难？

1910年，科学家在加拿大阿尔伯塔省红麋河流域挖掘出一大群阿尔伯塔龙的化石，这表明它们可能具有群居习性。但也有观点认为，这是自然灾害导致的突发性死亡聚集。至今，阿尔伯塔龙的社会行为仍有许多未知，还需要更多研究以确定它们的社交模式。

驰 龙

驰龙又叫“奔龙”，是一种兽脚类恐龙，生活在白垩纪晚期的加拿大阿尔伯塔省与美国西部。

咬合力强大

驰龙的头颅骨又短又大，下颌较深，牙齿坚固，牙齿的磨损状况明显。有研究人员推算驰龙的咬合力是伶盗龙的3倍，这表明驰龙会经常使用颌部撕咬猎物，而不是使用镰刀状爪杀死猎物。另外，也有观点认为驰龙会以腐肉为食。

驰龙的头骨化石

时代：白垩纪晚期　体长：约2米
家族：蜥臀目兽脚类　食性：肉食性
主要分布：加拿大、美国

单爪龙

单爪龙的学名中有“单一的爪”的意思。它生活在白垩纪晚期，化石出土于蒙古。

因爪得名

单爪龙奇特的前肢又粗又短，前端只有一根约7.5厘米长的指爪，其他两指已经退化消失，所以它才有了“单爪龙”这个名字。这个奇特的单爪的功能至今还不是很明确，有些研究人员猜测这是用来挖开白蚁巢的，也由此推测单爪龙可能是一种食虫恐龙。

时代：白垩纪晚期　体长：1~1.2米
家族：蜥臀目兽脚类　食性：肉食性
主要分布：蒙古

惧 龙

惧龙又名恶霸龙，是暴龙科的一种恐龙，生活在白垩纪晚期的北美洲西部。惧龙与出现年代较晚的暴龙是近亲，它也位于食物链的顶端，是一种顶级掠食动物，以尖角龙这样的大型植食性恐龙为食。

坚固的头颅骨

惧龙的头颅骨特别坚固，口鼻部上的鼻骨相互合并，增加了强度，而头骨上的大型孔洞则可以减轻重量。惧龙有60多颗牙齿，牙齿的横切面呈椭圆形。惧龙的头颅骨还有几个特别之处，那就是上颌骨的表面凹凸不平，眼睛周围的泪骨、眶后骨及颧骨有明显的隆起。

竞争激烈

在一个亚成年惧龙的化石上，发现头部有被同类咬伤后痊愈的痕迹，而在另一个成年惧龙的化石上也发现了类似的咬痕，这说明惧龙之间可能会因为争夺领地和食物或争夺族群首领而出现激烈的打斗。

时代：白垩纪晚期　　体长：约9米
家族：蜥臀目兽脚类　　食性：肉食性
主要分布：加拿大、美国

食性及竞争对手

惧龙主要猎食鸭嘴龙、角龙、似鸟龙等大型植食性恐龙，它的竞争者包括阿尔伯塔龙、伤齿龙等大型肉食性恐龙。

惧龙的头骨化石

惧龙的颅骨相对于暴龙的更短而高

赖氏龙

赖氏龙又名兰伯龙，是鸟臀目鸟脚类鸭嘴龙科恐龙的一种，生活在白垩纪晚期的美洲，以斧头状的头冠而著名。目前发现的赖氏龙有两种：赖氏赖氏龙和大冠赖氏龙。

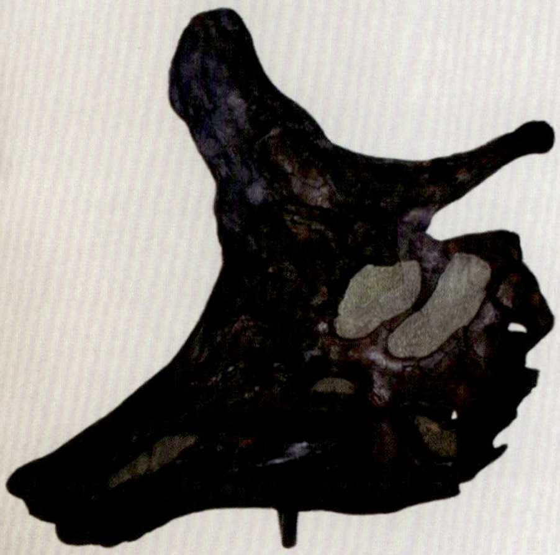

赖氏赖氏龙的头骨，
眼眶上方可见独特的头冠

头冠不同

赖氏龙最明显的特征是头顶有独特的头冠，而且两种赖氏龙的头冠并不一样。赖氏赖氏龙有斧状头冠，较短、较圆；斧状头冠的“刀锋”部分从眼睛前方突出，而“把柄”部分从头颅后方延伸出来。大冠赖氏龙头冠的“刀锋”部扩大，“把柄”部缩小。

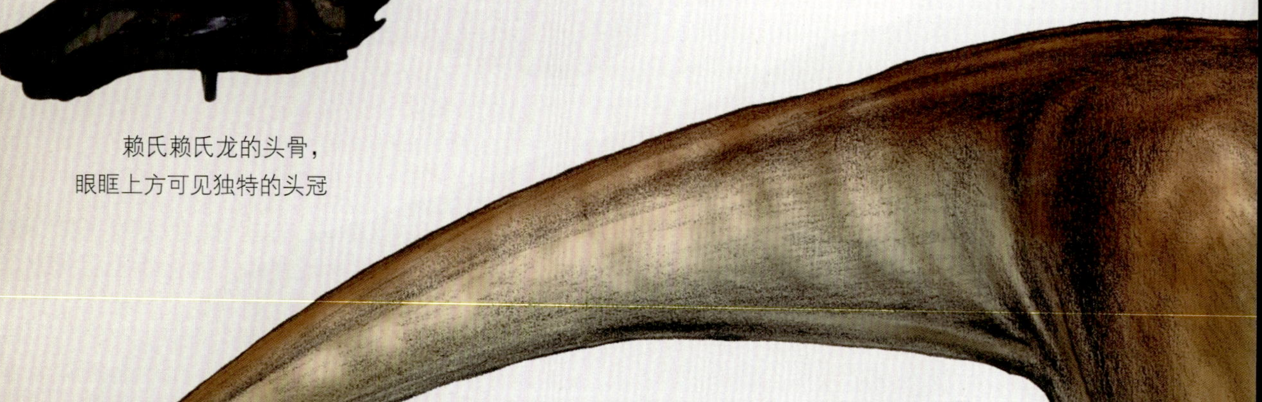

长尾巴内有骨化肌腱支撑，可防止尾巴下垂

赖氏龙骨骼化石

时代：白垩纪晚期　　体长：8～9米
家族：鸟臀目鸟脚类　　食性：植食性
主要分布：加拿大、美国、墨西哥

头冠的作用

许多古生物学家认为赖氏龙的头冠可能具有特殊的盐腺组织，用于排盐。此外，头冠还有增强嗅觉、储存空气、求偶等功能，或者还是一个很好的共鸣器，用来发出巨大的响声。所有这些假设中，最能被人们所接受的是扩大声响。有科学家曾做过实验：当气流通过赖氏龙的头冠模型时，头冠模型发出了像号角那样的声音。

以植物为食

赖氏龙是一种大型植食性恐龙，可以以二足或四足方式行走。它们的牙齿会不断生长和替换。赖氏龙会用喙状嘴切割植物，然后再用两颊的牙齿进行研磨、咀嚼。

冠 龙

冠龙又名盔龙，学名意为“头盔蜥蜴”，因为它们的头冠类似古希腊士兵的头盔。冠龙是一种鸭嘴龙科恐龙，生活在白垩纪晚期的北美洲。

冠龙皮肤印痕化石

时代：白垩纪晚期
家族：鸟臀目鸟脚类
主要分布：美国、加拿大
体长：约9米
食性：植食性

也有头冠

冠龙头部有个高耸、结构细密的骨质冠状物，形状略呈半圆形。这个头冠最有可能的功能是扩大声响。冠龙通过呼吸使空气流入头冠的腔室内形成共振，头冠就会发出像吹响号角一样的声音。

不过，冠龙的头冠和赖氏龙的头冠不相同。赖氏龙的头冠往前倾，头冠里的垂直鼻管在前部；冠龙的鼻部隆起，构成头冠的一部分。

冠龙的头骨化石

聪明的挑食者

冠龙是一种植食性鸟脚类恐龙。根据化石里残留的食物分析，冠龙以针叶树的树叶、种子等植物为食。冠龙可能很挑食，只吃最嫩的种子和树叶，这种食性也为其他植食性恐龙留出了食物空间，避免了食物竞争。

冠龙的骨骼化石装架

感官发达

古生物学家把冠龙、现代鸟类和现代爬行动物的巩膜环进行分析比较，推断冠龙的视觉能力强大，而且是全天活动的动物，它只在疲倦时才短暂地休息一下。此外，冠龙的听觉发达，听力可能比现代鳄鱼要强许多。

副栉龙

副栉龙的学名意为“类似有冠饰的蜥蜴”，它是鸭嘴龙科恐龙的一种，是鸭嘴龙科里面发现化石最多、最具代表性的恐龙。

副栉龙的骨骼化石

长长的头冠

副栉龙最著名的特征是它头顶上那长长的头冠。这个头冠由前上颌骨与鼻骨构成，向头部后方延伸出去，而且是中空的，内部有蜿蜒曲折的管腔。

副栉龙的头骨化石

头冠的第一种功能

许多古生物学家认为，副栉龙头冠的第一功能是辨识和社交。在群体中，大型头冠可以作为明显的身份标志。如果头冠上有华丽的颜色或其他结构，更便于它们在茂密的丛林中被同伴发现。

时代：白垩纪晚期　　体长：10~12米
家族：鸟臀目鸟脚类　　食性：植食性
主要分布：加拿大、美国

头冠的第二种功能

副栉龙的头冠内部有弯曲复杂的管腔，就像吹奏乐器小号一样，这些管腔可产生不同频率的声音，古生物学家通过电脑模拟也证实了这一猜测。

头冠的第三种功能

除上面两种功能外，古生物学家还发现，副栉龙的头冠内有大量的血管，可能具有散热作用，可帮助副栉龙在炎热的气候下保持正常体温。

副栉龙的骨骼化石装架

大鸭龙

大鸭龙属于鸭嘴龙科，生活在白垩纪晚期的北美洲，它的体长可达12米。

外形特征

大鸭龙的头部又长又宽且低矮，没有头冠，从侧面看类似天鹅的头部。它的鼻孔大，周围的骨头凹陷；下颌笔直且长，不像其他鸭嘴龙类恐龙那样向下弯曲，下颌两侧有明显的棱脊，使下颌部位更牢固。它的鼻孔可能有大型肉囊，这种肉囊像膨胀的气囊，可能用于视觉辨识或发出声音。

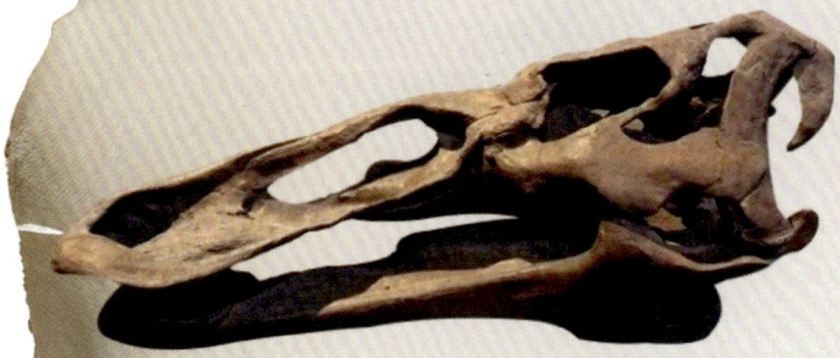

大鸭龙的头骨化石

大鸭龙的盆骨及髋关节结构

时代：白垩纪晚期　体长：约12米
家族：鸟臀目鸟脚类　食性：植食性
主要分布：美国、加拿大

胜王龙

胜王龙生活在白垩纪晚期的印度，是一种体形中等的肉食性恐龙，它的头部有一个独特而低矮的圆角，由鼻骨与额骨构成。

胜王龙的头骨化石

板块运动的证据

胜王龙化石发现于印度，它与人们在马达加斯加和南美洲发现的恐龙种类有类似之处。除此之外，还有很多远古和现代的动物种类在两地都非常类似。这反映了印度和马达加斯加在白垩纪早期曾经属于同一个陆地板块，直到后来才分裂并渐行渐远。

时代：白垩纪晚期
家族：蜥臀目兽脚类
主要分布：印度
体长：6.5米
食性：肉食性

慈母龙

慈母龙的学名意为“好妈妈蜥蜴”，它是一种大型鸭嘴龙科恐龙，生活在白垩纪晚期。慈母龙的首批化石于1978年在美国蒙大拿州被发现，包括头骨、巢穴、蛋、胚胎以及幼体化石，它是人们首次得知有明确亲代养育后代证据的恐龙，它的名字也由此而来。

慈母龙的骨骼化石装架

眼睛前方有小型尖状脊，可能是在求偶季节，雄性用来撞头争斗的武器

密集的巢穴

慈母龙通常群居，而且一个群体的成员数量庞大，最多可达上千个个体。它们展现出高度社会化的生活方式，会建立密集的巢穴区，就像现代的一些海鸟。这些巢穴紧邻排列，间距大约7米。每个巢穴用土壤堆积而成，里面还会放入腐烂的植物，利用植物腐烂时产生的温度来孵化蛋。每个巢穴中有30~40颗蛋，大小接近鸵鸟蛋。

时代：白垩纪晚期
家族：鸟臀目鸟脚类
主要分布：美国
体长：约9米
食性：植食性

幼龙的成长

刚孵化出来的慈母龙幼体是无法行走的，化石显示慈母龙幼体的牙齿有部分磨损，这意味着它们的父母会把食物带回来给它们吃。慈母龙幼体在一年内快速成长，第二年离开巢穴。它们的头部与成年体不同，眼睛较大，口鼻部较短。

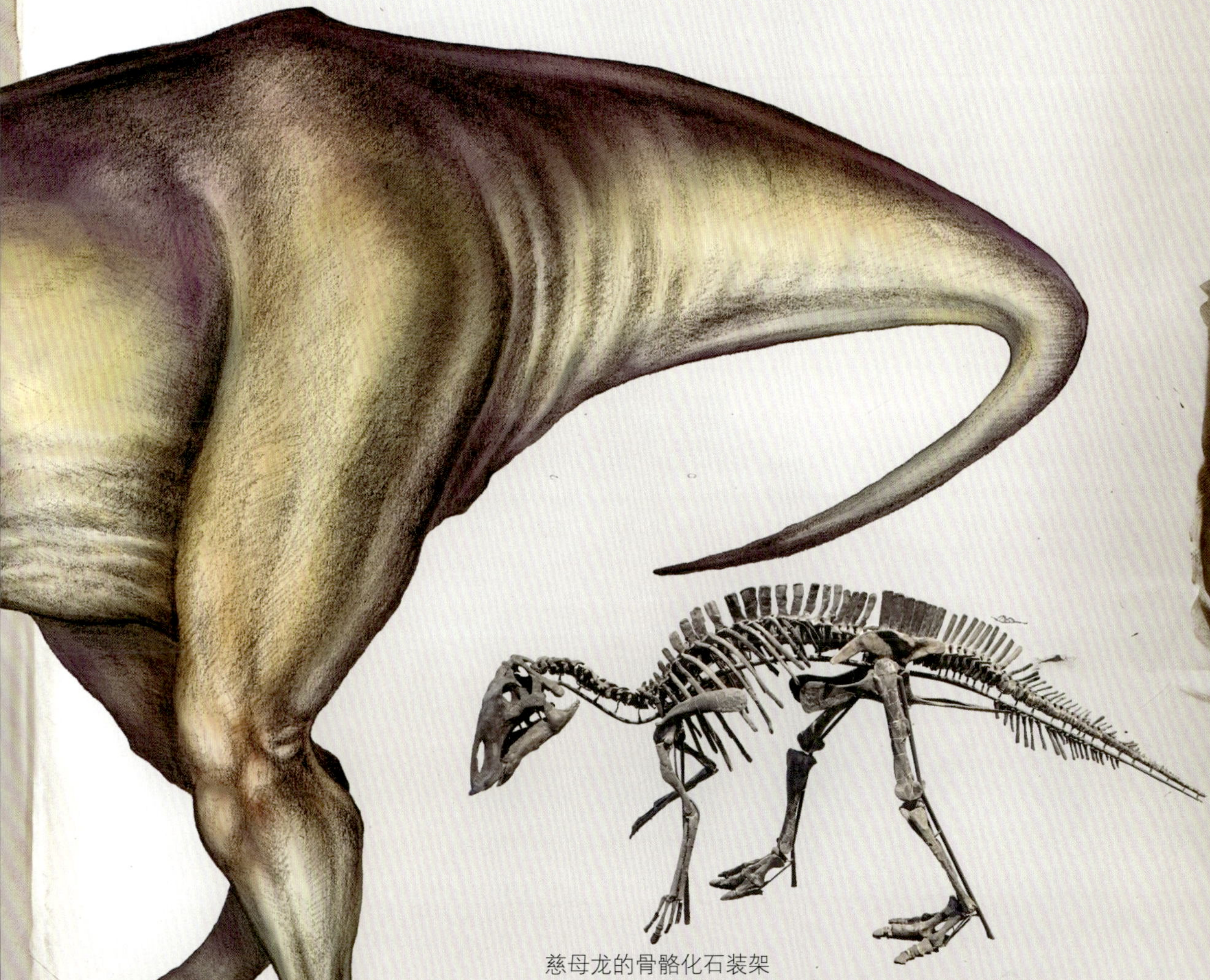

慈母龙的骨骼化石装架

植食者

慈母龙是标准的素食主义者，食用各种植物的根茎叶及种子等，这种广泛的食性代表慈母龙可以适应白垩纪不同阶段的植被类型。

英国伦敦自然历史博物馆里的慈母龙巢穴模型

甲 龙

甲龙的学名意为“僵硬的蜥蜴”，它属于甲龙科恐龙，生活在白垩纪晚期的美国和墨西哥。甲龙最大的特点是拥有全骨板覆盖的身躯及巨型的尾锤。

时代：白垩纪晚期　　体长：约7米
家族：乌臀目甲龙类　　食性：植食性
主要分布：美国、墨西哥

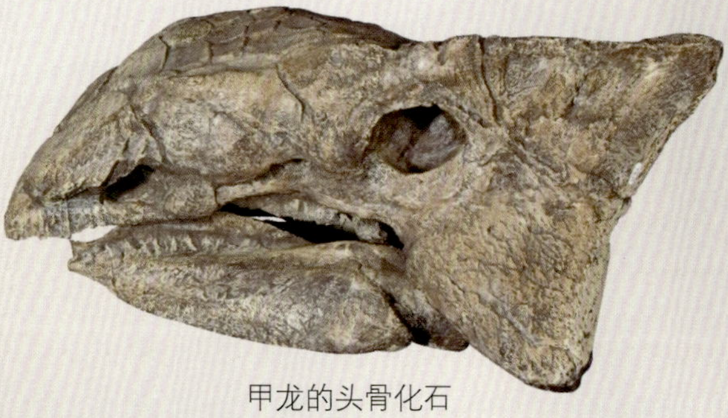

甲龙的头骨化石

头颅骨扁平呈三角形，宽度大于长度

身高比同样体长的恐龙低很多，遇到危险时它可能会蹲伏下来，用甲壳保护柔软的腹部

独特的装甲系统

甲龙最明显的特征是它身上覆盖的装甲系统，这些装甲包含大小不一且嵌入皮肤的骨质结节和甲板，现代的鳄鱼、犰狳和一些蜥蜴身上也有类似的装甲。整体来看，大型平滑甲板排列在甲龙的颈部、背部和臀部，小结节填补甲板间隙，四肢和尾巴上有较小的甲片，尾巴两侧还有三角形尖刺。此外，甲龙头顶覆盖圆鳞，后方突出成4处尖大角。

尾锤成武器

甲龙的尾巴末端有一个由几块大型皮内成骨组成的尾锤，而皮内成骨是由真皮层形成的骨头，所以这个尾锤非常坚硬，可对侵犯者造成严重伤害。重型装甲护身，再加上威猛的尾锤，让甲龙成为白垩纪时期名副其实的重装战士。

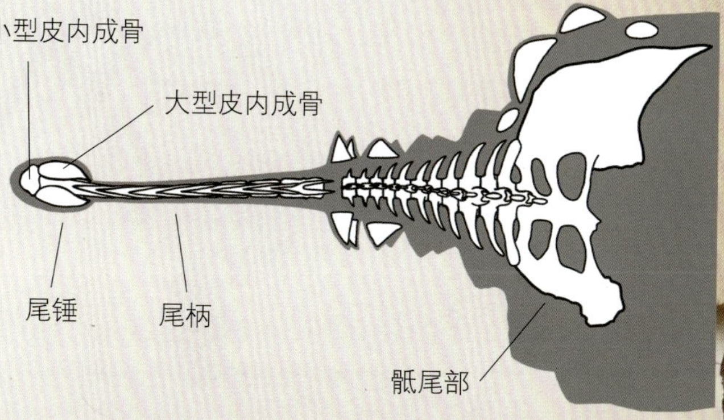

甲龙的骨骼化石装架

外表骇人的素食者

甲龙看似凶猛，实际上却是彻头彻尾的素食者。它们的小型树叶状牙齿适合切碎植物，但不太适合咀嚼，由此，古生物学家推测它们最爱吃软嫩多汁的蕨类植物。

埃德蒙顿甲龙

埃德蒙顿甲龙生活于白垩纪晚期，是甲龙类中生存年代较晚的一种，它的体形比现代最大的犀牛还要大而且更强壮。

头部的“力学设计”

埃德蒙顿甲龙的头部覆盖着特化装甲，其中吻部上有块大的鼻部中心甲片、吻部后缘有块大而弯曲的甲片、头盖骨有块大的中心甲片。还有一些化石显示，在其下颌上方有独立的“颊甲板”。这些独特的甲片构造说明，埃德蒙顿甲龙在演化过程中充分利用了骨头的强度，为自己打造了一个坚固的“头盔”。

埃德蒙顿甲龙骨骼化石装架

小块“拼装”的盔甲

埃德蒙顿甲龙身上覆盖着特化的皮内成骨装甲。颈部和肩部由3段不对称的脊状骨板保护，肩部还伸出多根大小不同的尖刺朝向前方，可对掠食者形成威慑。背部到臀部覆盖多排椭圆形小型脊状甲块，排列不对称。全身较大的骨板都由小块骨头连接而成，使身体能够保持一定的灵活性。

尖刺的防御

埃德蒙顿甲龙肩部的尖刺被认为具有防御功能。这些尖刺可能是雄性在求偶季争夺配偶或者争夺地盘时打斗用，也可作为对抗掠食者的防御武器。古生物学家发现，为保护脆弱的腹部不被掠食者攻击，在防御时，埃德蒙顿甲龙会蹲卧在地上，让掠食者无计可施。

时代：白垩纪晚期
家族：鸟臀目甲龙类
主要分布：加拿大、美国
体长：约6米
食性：植食性

包头龙

包头龙的学名有“装甲完备的头部”的意思，它们生活在白垩纪晚期的北美洲，是最大的甲龙科恐龙，体形接近于现代的亚洲象。

武装到眼睑

包头龙的头部和身体的大部分都覆盖着特化的装甲，这些甲板甚至覆盖到了眼睑上。这些甲板以带状排列，让身体能够保持一定的动作灵活性。此外，它们的身体上还布满10~15厘米的短角刺。它们只有腹部没有甲板，所以猎食者只有将它们翻转过来，才会对它们造成致命伤害。

稳定的身躯与灵活的防御

包头龙的尾巴末端有一个硬化的尾锤，可以灵活舞动来防御敌人。为了支撑全身的重装甲，包头龙做出了许多适应性改变：脊椎与肋骨互相固定形成稳定的胸腔；背部、臀部和尾部的脊椎有多处合并成一体；尾椎组织结构与尾椎骨也融为一体，以更稳固的方式增强腰部、臀部到尾部的力量。这些改变使包头龙可以有效利用尾锤作为武器，同时保持身体的稳定来承托沉重的装甲。

包头龙的头骨化石

生活习性

包头龙是植食性恐龙，它们的牙齿很小，呈叶状，所以它们只吃低矮的植物和浅埋的块茎。包头龙的鼻腔结构复杂，因此可能嗅觉非常灵敏。还有科学研究认为，这种复杂的鼻腔结构可能是为了将空气引入脑部，帮助脑部降温。

早先，包头龙被推测是独居动物，但是在1988年，另一种甲龙科恐龙——绘龙的22只幼体族群化石被发现后，人们推测包头龙也有可能是群居动物，或者至少幼年时会群体生活。

包头龙的骨骼化石装架

时代：白垩纪晚期　体长：约7米
家族：鸟臀目甲龙类　食性：植食性
主要分布：加拿大、美国

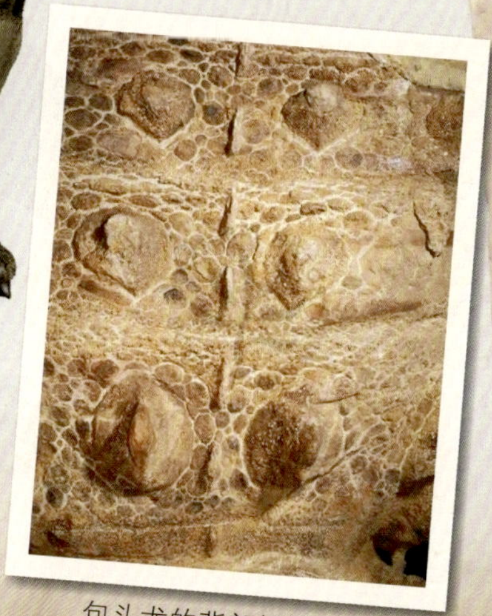

包头龙的背部护甲化石

原角龙

原角龙是一种早期的角龙类恐龙，与更晚一些的角龙类恐龙不同，它头部的角状物只是轻微突起，还不太发达。

原角龙骨骼化石装架

有角的脸

原角龙在希腊文中有“第一个有角的脸”的意思，这是因为它是一种早期的角龙类恐龙，实际上，它的头上还没有演化出明显的角，只是在鼻骨的位置上有个小小的突起。原角龙的口鼻部分很像鹦鹉嘴龙，不过要更大一些，喙长得和现代鸟类一样。它的嘴前部没有牙齿，只在后颊两侧长有牙齿。它是植食性恐龙，主要采食植物的枝叶和根茎。

时代：白垩纪晚期　体长：2~3米
家族：鸟臀目角龙类　食性：植食性
主要分布：中国、蒙古

大型头盾

原角龙最显著的特征是头上长着像蒲扇一样的大型头盾。这个头盾实际上是由大部分颅顶骨与部分鳞骨构成的，可用来保护颈部、散热，还可以用来辨认身份。从现有的化石上看，有的头盾很短小，有的却接近头颅的一半长度，差异很大。这种差异可能是性别造成的，成年雄性原角龙有较大的头盾和口鼻部，而雌性的头盾则较小，口鼻部也较小。

原角龙骨骼化石装架

养育后代

2011年，人们在蒙古发现了一个原角龙巢穴，里面有15只小恐龙化石。这表明原角龙可能会养育后代，直到它们成长至某个年龄。由于原角龙是相当原始的角龙类恐龙，所以后期的角龙类恐龙可能会继承这种亲代养育行为。

三角龙

三角龙生活在白垩纪晚期，是最为大众所熟知的植食性恐龙之一。它的头部有非常大的头盾和3根尖锐的角状物，所以得名“三角龙”。

三角龙的头部十分庞大，估计有300千克重

三角龙头骨化石

头盾和角

三角龙最显著的特征在它的头部。它的口鼻部上方有一根鼻角，眼睛上方有一对长达1米的额角；头颅后方是相对短的骨质头盾，某些个体的头盾边缘还有多个颈盾缘骨突。此外，大多数角龙科恐龙的头盾上有大型孔洞，但三角龙的头盾却是实心的，没有孔洞。

三角龙骨骼化石装架

是身份标志还是武器?

有关三角龙独特的头盾与角的功能历来存在争议。古生物学家提出两大功能假说：身份辨识和防御武器。

现今主流理论认为，三角龙的头盾与角主要起到视觉展示的作用，用于求偶时向异性展示以及辨识同类身份。不同三角龙种群的头盾与角形态各有不同，可作为种群内辨识身份的标志。

另一假说认为，三角龙可利用头盾和角作为武器。它们可能用角抵御掠食动物如暴龙的攻击，也可能用角互相碰撞争夺地盘和配偶。经过模拟实验发现，三角龙的角难以刺穿掠食恐龙那厚厚的皮肤，因此这些角可能更多的是用于威慑捕食者。

以植物为食

三角龙是体形巨大的植食性恐龙，它们需要进食大量植物来维持身体机能。三角龙拥有低矮的头部，表明它们主要取食地表的低矮植被，它们喜爱吃的植物可能是苏铁和蕨类植物等。它们嘴前端有喙，适合抓取、拉扯，而非咬合。三角龙牙齿约有800颗，并以垂直方向切割食物。

尖角龙

尖角龙的学名意为“尖刺蜥蜴”，属于植食性角龙科恐龙，生活在白垩纪晚期，化石发现地为加拿大的阿尔伯塔省。

尖角龙的集体惨剧——希尔达大尸骨层

在阿尔伯塔省的恐龙公园，人们发现了大规模的尖角龙化石尸骨层。其中，希尔达大尸骨层跨度达数百米，含有数以千计不同年龄和完整度的尖角龙化石。古生物学家推测，这些尖角龙可能在群体渡河期间突然遭遇洪水，造成大规模死亡和沉积。希尔达大尸骨层是目前发现的最大型的恐龙尸骨层之一，记录了一场尖角龙集体惨剧的史诗级场景。

脆弱的盾牌

尖角龙头盾上方有两只向前弯曲的角，眼睛上方还有一对向上的小角，关于这些装饰物的功能，一直存在争论，它们是用来抵御掠食者、进行内部争斗，还是用于身份识别呢？2009年的一项研究发现，尖角龙的头盾不像三角龙的那样厚实，而是非常薄，无法抵御肉食性恐龙的攻击，它这脆弱的头盾更可能起到的作用是散热和身份识别。

群居还是聚集？

希尔达大尸骨层中数以千计的尖角龙化石表明它们可能群居生活并随季节更替而四处迁徙。但还有另一种解释是，尖角龙并非群居生活，集中死亡事件是干旱期间各个独自生活的尖角龙不得不聚集在水源周边造成的。“希尔达大惨剧”到底隐藏着怎样的真相，还有待古生物学家进一步探索。

希尔达大尸骨层中的尖角龙化石

时代：白垩纪晚期
家族：鸟臀目角龙类
主要分布：加拿大
体长：约6米
食性：植食性

尖角龙头骨化石

戟龙

戟龙又名刺盾角龙，其学名的意思是“有尖刺的蜥蜴”，它生活在白垩纪晚期，是一种角龙类恐龙。

多变的头盾

戟龙的大型鼻角与头盾堪称恐龙中最特殊的面部器官。它的头盾异常巨大，且向外延伸出多个长角，两颊延伸出一个较小的角，鼻部也延伸出一个角，而且每只戟龙的角都各不相同，有多有少、有大有小、有直有弯，可谓变化多端。

头盾的作用

角龙类恐龙的头盾的功能历来众说纷纭。20世纪初，人们认为头盾可作为肌肉附着点，后来则推测头盾可用于打斗，也可作为抵御掠食者的武器。但近年来，越来越多的古生物学家认为头盾的主要作用是身份识别。

人们在陆续发现的角龙类恐龙的头盾化石上很少发现打斗遗留的痕迹，这说明头盾并不是它们的武器，而最有可能是用来识别身份的标志。此外，这些头盾也有可能用来调节体温，现代大象的耳朵也有这个功能。

戟龙骨骼化石装架

关于食性的争论

戟龙的牙齿在一生中会不断地更换，旧牙齿会被新牙齿所取代。通过研究发现，角龙类恐龙的牙齿可用来切割粗糙的纤维，有些古生物学家因此认为它们以棕榈或苏铁为食，而有些人则认为它们以蕨类植物为食，还有人认为它们会凭借自身重量撞倒大树，再采食树叶与嫩枝。

时代：白垩纪晚期
家族：鸟臀目角龙类
主要分布：加拿大、美国
体长：约5.5米
食性：植食性

戟龙的头骨化石

牛角龙

牛角龙属于角龙类恐龙，它生活在白垩纪晚期的北美洲。牛角龙的学名意为“有孔的蜥蜴”，“孔”是指它头盾上的大型孔洞。

牛角龙头骨化石，头盾上可见两个大型的孔洞

有大孔洞的头盾

与同是角龙类恐龙的三角龙相比，牛角龙的头盾更长、头盾上的孔洞更大。牛角龙的头盾后方有5对以上的颈盾缘骨突。不过，牛角龙的鼻角很短。

时代：白垩纪晚期　　体长：约9米
家族：鸟臀目角龙类　　食性：植食性
主要分布：美国、加拿大

牛角龙的食谱

牛角龙是植食性恐龙。在白垩纪，开花植物的地理分布还非常有限，因此牛角龙很可能以当时繁盛的蕨类植物以及苏铁和针叶树等植物为主要食物。它用锐利的喙状嘴采食植物的枝叶。

牛角龙骨骼化石装架

牛角龙的真面目：三角龙的近亲？

最近的研究表明，牛角龙与三角龙关系密切，甚至两者可能就是一个种类的恐龙。因为亚成年的牛角龙化石非常少见，而且牛角龙和三角龙的头盾结构也非常相似，所以有些古生物学家认为，某一种性别的三角龙成年后，它的头盾会延长，最终达到“牛角龙”头盾的长度。但也有反对意见认为，两者有足够的区别证明是近亲而非同种关系。牛角龙的分类至今仍有争议，它可能是三角龙的一个分支，也可能是独立的近亲。

开角龙

开角龙又名裂头龙或裂角龙，属于角龙类恐龙，生活在白垩纪晚期的北美洲。开角龙的学名有“原始的有角面孔”的意思，它的头盾上有大型孔洞。

开角龙的头骨化石

心形头盾

角龙类恐龙根据头盾的长短可分为两种，短盾的如尖角龙，长盾的如开角龙。开角龙的头盾巨大，呈心形，中央有两个大孔洞，外形独特。

身份识别

开角龙的头盾边缘有小型的颈盾缘骨突，可能具有身份识别的作用；头盾可能还有特殊的颜色，以吸引异性的注意。由于它的头盾过大且过薄，不太可能有防御功能。当遭遇掠食者如暴龙时，雄性开角龙可能会围成圈并把头盾朝外，形成威吓敌人的可怕阵型。

开角龙的皮肤痕迹化石上有六边形或五边形的鳞片痕迹。遗憾的是，目前还无法确定皮肤的颜色

雌雄异形

开角龙如大多数角龙类恐龙一样，有鼻角和双额角，但人们发现有两种开角龙，一种有长额角，另一种有短额角。经过古生物学家分析，猜测额角的长短可能代表开角龙是雄性或是雌性。

时代：白垩纪晚期
家族：鸟臀目角龙类
主要分布：加拿大、美国
体长：5~6米
食性：植食性

平头龙

平头龙属于肿头龙类恐龙，生活在白垩纪晚期的蒙古。它的学名有“平坦的头部”的意思。

强健的颈椎与脊椎就像减震器，让平头龙在冲撞中安然无恙

铁头功

与其他肿头龙类恐龙不同，平头龙的头颅骨平坦、呈楔形。平头龙的颅顶相当厚实，可能用来在争斗或抵御掠食动物时撞击对方。当繁殖季节来临时，雄性平头龙会通过互相顶撞赢得雌性的青睐，也会用这种方式决定谁能成为族群首领。

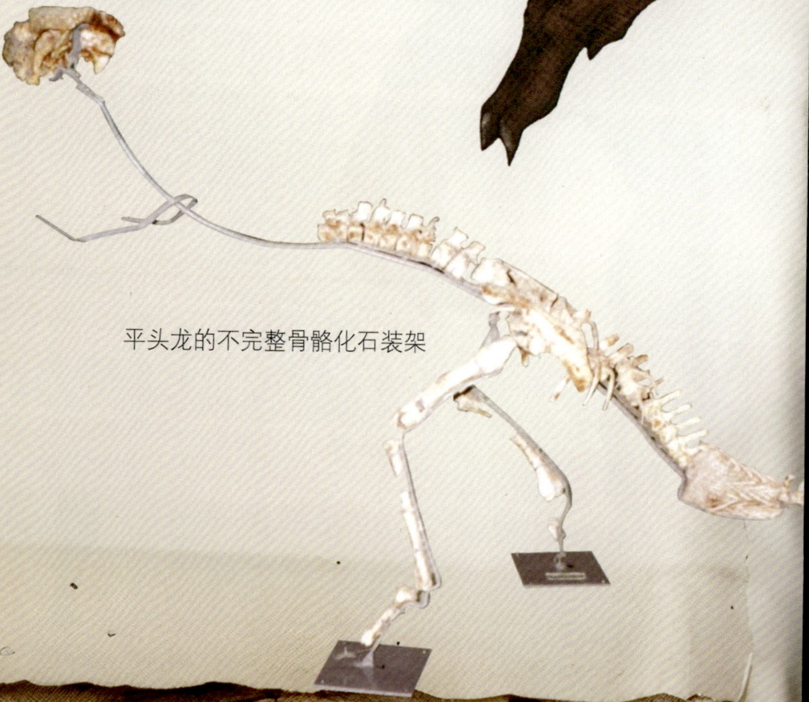

平头龙的不完整骨骼化石装架

骨盆的秘密

平头龙以宽阔的骨盆而著称。一些学者据此认为平头龙可能和一些卵胎生的现代动物如星鲨、海蛇一样，卵在母体内孵化后再直接生下幼仔，而不像其他恐龙一样产蛋并在体外孵化，而另一些学者则认为其宽阔的骨盆用以缓冲碰撞的冲击力。

倾头龙的未成年个体？

倾头龙是一种小型肿头类恐龙，生活在白垩纪晚期的蒙古。它们与平头龙有许多相似之处，不过它们的头颅不像平头龙那么平坦，而是圆且倾斜的。2010年，有古生物学家提出，平头龙很可能是倾头龙的未成年个体。

平头龙头骨化石

平头龙的后肢很长，表明它能快速奔跑，后肢也能减缓顶撞的冲击力

时代：白垩纪晚期
家族：鸟臀目肿头龙类
主要分布：蒙古
体长：约2米
食性：植食性

肿头龙

肿头龙又名厚头龙，它的学名意为“有厚头的蜥蜴”，它是一种二足行走的恐龙，是目前已知最大的肿头龙类恐龙。

身体仍未知

肿头龙以壮实的骨质颅顶而著称，这个厚厚的颅顶可保护它的大脑；它的头后有骨质瘤块，口鼻部有短钝骨角。由于目前人们只发现了肿头龙的头颅骨，它的身体结构还不清楚，只能根据它的近亲如冥河龙、剑角龙进行推测。

头部对撞之谜

肿头龙的头部一度被认为可用来进行激烈的顶撞，如雄性肿头龙在交配季节互相顶撞，或抵御掠食者，但也有研究者针对这个观点提出了质疑，成年肿头龙的头骨结构似乎无法很好地吸收冲击力，加上弯曲的颈部在撞击时可能会骨折，圆形的头骨也可能导致撞击偏离。不过，2012年的一项研究发现，在一件肿头龙颅骨化石上有疑似碰撞受伤的痕迹，这表明肿头龙很可能会用头来顶撞对手。

肿头龙的头骨化石

时代：白垩纪晚期
家族：鸟臀目肿头龙类
主要分布：美国、加拿大
体长：约5米
食性：植食性或杂食性

肿头龙骨骼化石装架

食谱之谜

到目前为止，肿头龙的食性仍是谜。它那细小的牙齿不能有效地磨碎坚韧的植物。古生物学家推测它可能是杂食性的，取食嫩叶、种子和昆虫。肿头龙具体的食谱与进食方式还需要进一步研究才能确定。

冥河龙

冥河龙的学名意为“来自于冥河的恶魔”，冥河是传说中通往地狱的河流。冥河龙与暴龙和三角龙同处一地，化石发现于美国蒙大拿州的地狱溪组，因此得名“冥河龙”。也有古生物学家认为，冥河龙、龙王龙和肿头龙可能是同一种恐龙的不同发育阶段。

颅顶较小

冥河龙是一种体形较大的肿头龙类恐龙。不像其他肿头龙类恐龙，冥河龙的圆形头颅上窄下宽，两侧稍平坦，呈梨状。

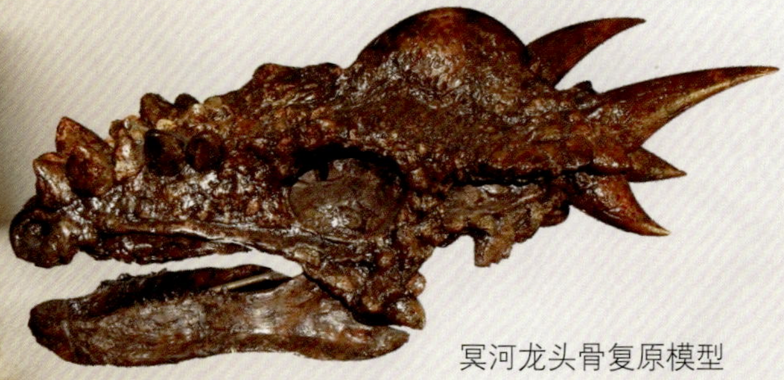

冥河龙头骨复原模型

尖角之谜

尽管冥河龙的颅顶相对较小，头部的尖角却比其他肿头龙类恐龙更多。冥河龙鼻部上方有短且呈圆锥状的凸起，头颅后侧则生长着一对向后延伸的尖角，尖角周围还有两三根较小的角。这些尖角的功能至今仍众说纷纭。

冥河龙的梨形小颅顶不太可能用于碰撞，它的颅顶及其周围的尖角可能有其他用途：一种是作为展示物，用于吸引配偶或威慑竞争对手；另一种是用于在族群中识别身份。当然，这些尖角也有可能在防御天敌时给对方造成一定的伤害。

冥河龙头上独特的圆锥形凸起

冥河龙相对较高、狭窄的额顶

尾巴硬挺，能起到平衡作用

时代：白垩纪晚期
家族：鸟臀目肿头龙类
主要分布：美国、加拿大
体长：约2.4米
食性：植食性

剑角龙

剑角龙是一种植食性恐龙，生活于白垩纪晚期的北美洲。它是北美地区最知名的肿头龙类恐龙之一。它的头部较大，头顶有又厚又圆的颅顶骨，颅顶骨四周分布有一圈小小的骨刺。

从扁平到圆顶的变化

剑角龙的头骨大致呈三角形，头顶有一个厚实、宽阔且相对光滑的圆顶，后部枕骨上方有一个厚厚的“架子”，眼睛上方还有一条厚厚的脊；大部分头骨都装饰有结节，许多结节排列成行，最大的结节形成小角。

有许多化石证明，剑角龙的头骨在幼年时是扁平的，随着年龄的增长，头骨逐渐发展成圆顶的形状。

碰撞武器

肿头龙类恐龙的头骨圆顶的功能一直存在争议，不过剑角龙的圆顶头骨被多数人认为是演化出来的碰撞武器，能够在同类之间的争斗中承受碰撞的冲击力。不过，这样的头骨仍然不适合防御肉食性恐龙的进攻，因为头部还缺少大型的、锐利的尖刺。

剑角龙骨骼化石装架

时代：白垩纪晚期
家族：鸟臀目肿头龙类
主要分布：美国、加拿大
体长：约2米
食性：植食性

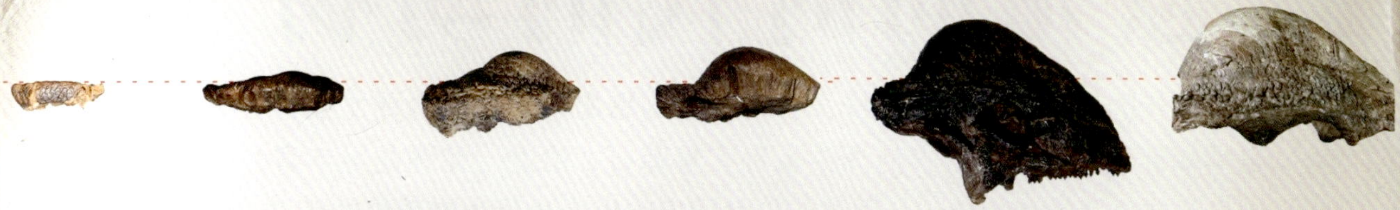

从剑角龙头骨的生长发育过程中可看到颅顶从平坦到拱起的转变

剑角龙头骨化石

与恐龙同时代的动物

恐龙时代的生态极为丰富多样，各种各样的恐龙和同时代的翼龙类、各类爬行动物、早期哺乳动物一起生存，海洋中也存在着菊石、沧龙、蛇颈龙等丰富的生物。这些古生物构成复杂的食物链，一同演化，共同描绘出中生代生态系统的荣枯盛衰。

菊 石

菊石是一种具有螺旋形贝壳、拥有众多触腕的头足纲动物。它们的贝壳能承受非常强的水压，可适应浅海和深海的环境。起源于泥盆纪的菊石在中生代大量繁殖，成为常见的中低端掠食者，最终在白垩纪晚期灭绝。

菊石化石

菊石与鹦鹉螺的演化历程

菊石的外表非常类似现今还存活的鹦鹉螺，但它们的演化历程有重大差异。菊石出现的时间比鹦鹉螺要晚，其祖先可以追溯至鹦鹉螺亚纲中的杆石目。在中生代，菊石快速演化出了独特的螺旋贝壳结构，壳上每一节之间都有复杂精细的“缝合线”，这种神奇的结构大大提高了菊石壳体的抗压能力。鹦鹉螺的壳体仅仅是简单的拼接，更加脆弱。几千万年的演化使菊石和鹦鹉螺的关系越来越远，目前和菊石最接近的头足类动物并不是鹦鹉螺，而是蛸亚纲动物，也就是我们熟知的章鱼、鱿鱼等。

摩尔根兽

摩尔根兽与哺乳动物的关系非常接近，但更为原始。它们生活在三叠纪至侏罗纪时期，化石被发现于英国威尔士地区的石灰岩缝隙中。

体形细小

摩尔根兽的身长只有约10厘米，全身覆盖着一层软毛，样子、大小就和小老鼠差不多。它有尖尖的嘴巴和尖利的牙齿，可用来捕食昆虫和蠕虫等小型生物。它的爪子也很尖利，善于挖掘洞穴。

最早的哺乳形类动物之一

摩尔根兽的骨骼结构与现在的哺乳动物的骨骼结构已十分相似，但它的颌骨内侧有一条沟，其中保留着关节骨的残余，这又与爬行动物比较相似。摩尔根兽是最早的哺乳形类动物之一——它代表了整个哺乳动物大家族的一类祖先，从某种意义上说，它可算是人类的远亲。

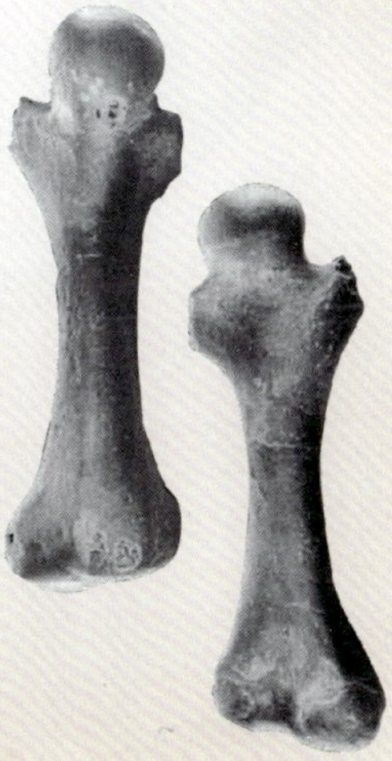

摩尔根兽的股骨化石

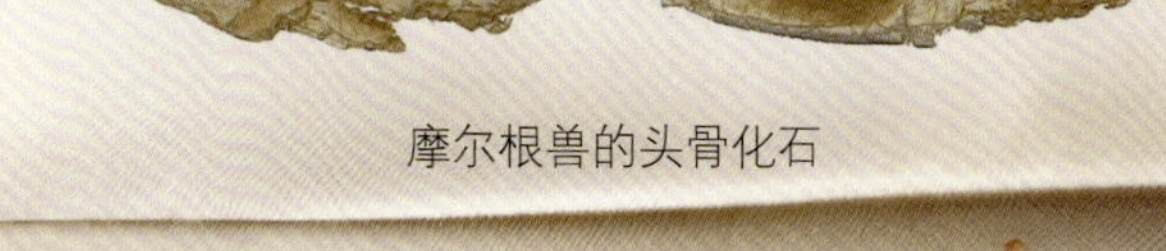

摩尔根兽的头骨化石

幻龙

幻龙生活在三叠纪中晚期，它的学名意为“假冒的蜥蜴”。它有扁长的尾巴和灵活的长颈，还有一张长满了尖牙的大嘴，用来捕食各种鱼类。

海洋里的掠食者

幻龙是一种半海生动物，身长约4米，具有长趾和蹼足，生活方式可能类似现代海豹。幻龙靠摆动强有力的尾巴和鳍足，在水中快速游动。它的头部宽且平坦，长颌部具有锐利的针状牙齿，可以帮助它捕捉鱼类。

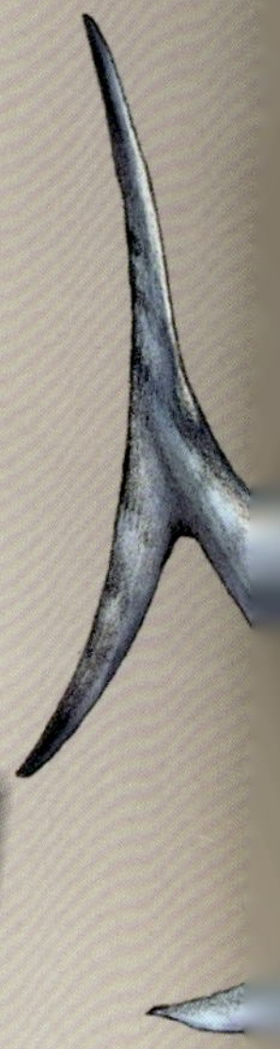

幻龙化石

幻龙骨骼模型

鱼龙

鱼龙是一类从陆地回到海洋的爬行动物，它们的外形类似现在的海豚。鱼龙出现的时间比恐龙早一些，灭绝的时间也早。

回归海洋

三叠纪中期，由于生态环境变化，一些陆栖爬行动物逐渐回到海洋生活，演化为鱼龙，这个过程类似今天海豚和鲸鱼的演化过程，但鱼龙的直系祖先究竟是谁，至今仍未确定。在侏罗纪，鱼龙分布广泛，发展繁盛。白垩纪中期后，它们被蛇颈龙类及沧龙类动物取代。

快速游动

鱼龙身长2~10米不等，头部像海豚，口鼻部长，嘴里布满牙齿。鱼龙的体形呈流线型，游速可达每小时40千米。有的鱼龙适合深潜，类似现在的鲸鱼。鱼龙有鳍状四肢，主要用于保持身体稳定和控制方向，强有力的尾鳍分两叶，提供主要推进力。

鱼龙的脊椎化石

鱼龙化石

沧龙

沧龙是一类适应水生、半水生的海洋爬行动物，它们身体巨大，最大个体身长可达20米，是中生代海洋中的顶级掠食者。它们生活在白垩纪，其化石常被发现于现在的北美洲和欧洲。

海中的大蜥蜴

沧龙虽然体形巨大，但并非恐龙或鳄鱼类动物。沧龙起源自白垩纪的崖蜥，在动物分类中属于有鳞目，和现代的蜥蜴、蛇是亲缘关系，因此，沧龙可能也有分叉的舌头。可以说，沧龙代表了蜥蜴从陆地向海洋的适应性演化，它们并非是“海中的恐龙”，是适合在海洋生活的特殊蜥蜴。

沧龙科中的倾齿龙头骨化石

流线型的身体

沧龙虽然来源于蜥蜴，但体形更为修长，呈流线型。沧龙的四肢骨骼缩短，指间有宽大的鳍蹼，尾部宽阔有力，可产生让它们快速游动的推进力。沧龙可能采用现代海鳗和海蛇的蜿蜒游动方式，可能使用埋伏突袭的方式捕食。

用肺呼吸，换一次气可以让它们在水中停留很长时间

凶狠的猎食者

海洋中食物充沛，但是竞争激烈。沧龙最主要的食物有蛇颈龙、鲨鱼、海龟、薄片龙等。古生物学家推测，一只成年沧龙可以同时对抗几只鲨鱼。沧龙演化成功，高度适应海中的捕猎生活，在白垩纪晚期脱颖而出，成为远古海洋的霸主之一。

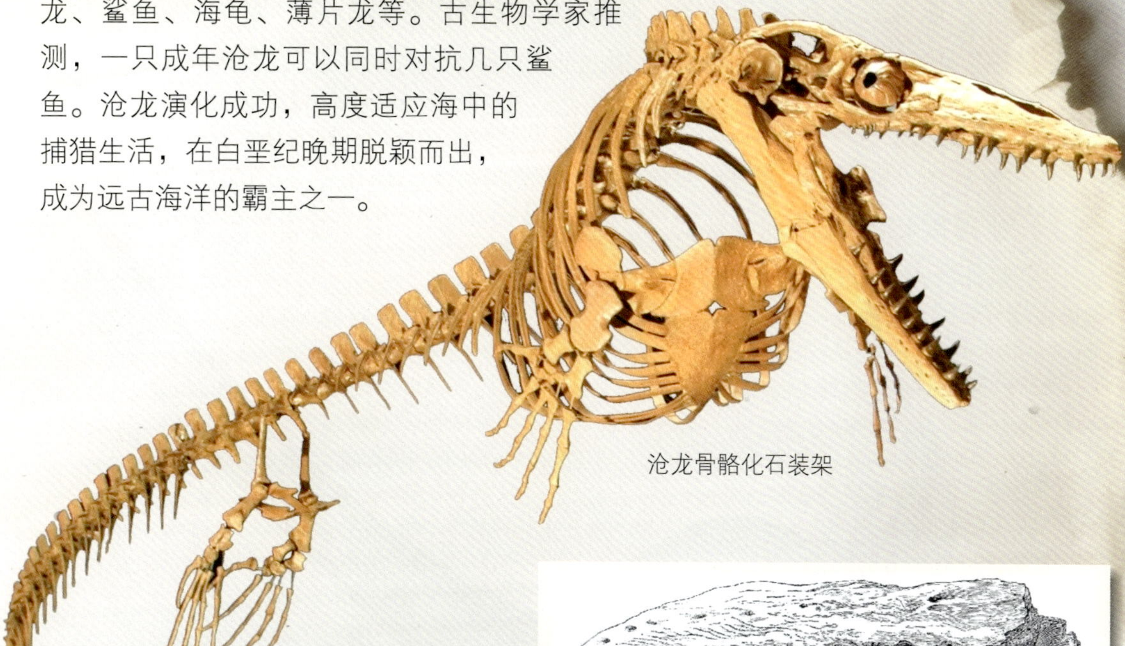

沧龙骨骼化石装架

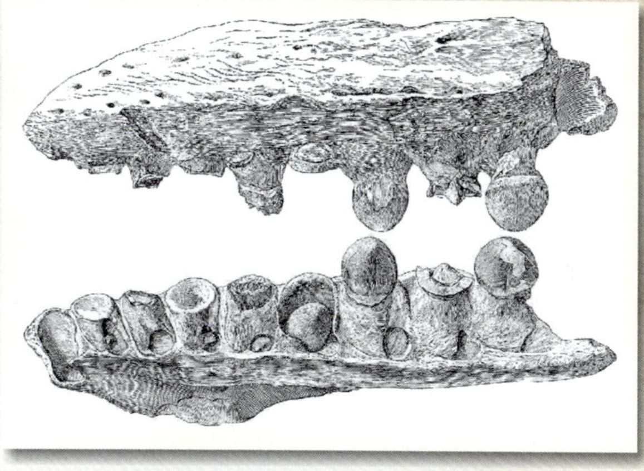

沧龙科中的球齿龙的左上颌骨化石

蛇颈龙

蛇颈龙是一类大型海洋爬行动物，生活于侏罗纪早期。小头、细长的颈部、像龟壳般宽阔的身体、短尾巴、两对大而长的鳍状肢是它们的特色。

蛇颈龙的特征

蛇颈龙的口鼻部虽然短小，但嘴巴可以张得很大。它们的牙齿呈圆锥状，能用宽大的U形嘴捕食鱼类。它们的尾巴太短，几乎没有推动作用，主要靠两对鳍肢游泳。

英国伦敦自然历史博物馆展出的蛇颈龙化石

蛇颈龙骨骼化石装架

不灵活的颈部

蛇颈龙的颈部虽然细长，但颈椎连接紧密，所以颈部并不灵活，活动范围有限，无法像天鹅那样弯曲颈部。1914年，古生物学家确认，蛇颈龙的颈椎骨不能大幅度活动，甚至无法抬高脖子，只能做极小范围的摆动。

恐 鳄

恐鳄是一种已灭绝的大型鳄鱼，属于短吻鳄超科，生活在白垩纪晚期的北美洲东部海岸地区。它是史上最大的鳄鱼，体长可达10米，可能以大型恐龙为食。

重建的恐鳄头骨，颜色较深的部位为化石，浅色部分为石膏

超级掠食者

恐鳄体形巨大，外形与现今的鳄鱼非常相似。恐鳄具有类似现代短吻鳄的宽阔的口鼻部、粗壮的牙齿以及覆盖背部的半圆形鳞甲，这些鳞甲可以协助恐鳄支撑起沉重的身躯。据估计，恐鳄的咬合力高达8万牛顿，这是目前已知陆地动物中最强大的咬合力，作为对比，现今世界上最大的鳄鱼——湾鳄的咬合力只有不到2万牛顿。

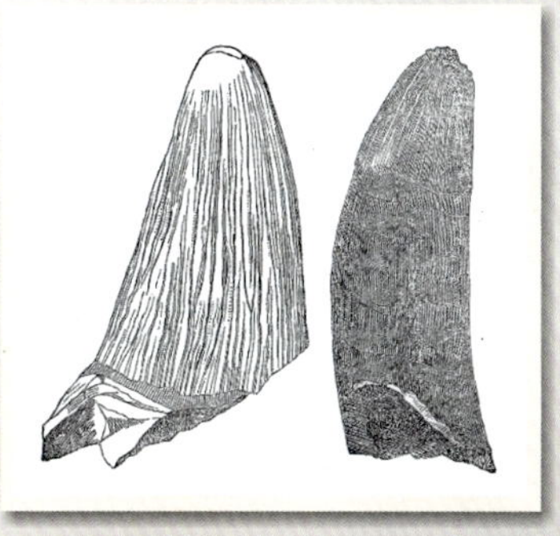

1858年发现的两颗大型牙齿化石的素描图，这两颗牙齿后来被证实属于恐鳄

翼龙

翼龙生活于三叠纪晚期到白垩纪晚期，它的学名意为“有翼的蜥蜴”，是第一种能主动飞行的爬行动物。

翼龙类动物常被误认为是“飞行的恐龙”，这是错误的。恐龙指的是特定的陆地爬行动物，能采取直立步态，并不包括翼龙类、鱼龙类、蛇颈龙类、沧龙类等动物。

发现于德国索伦霍芬石灰岩的幼年翼龙化石

翼龙的视力极为敏锐，能从空中发现游动在水中的鱼、虾等小型水生动物，并可迅速俯冲下去，准确地捕获它们

复杂的气动性翼膜

过去人们认为翼龙的翼膜构造简单，仅由皮肤构成。现在发现，它们的翼膜结构复杂，由皮肤、肌肉与其他软组织构成，具有高度气动性，适合飞行。而且，翼膜由不同形式的紧密纤维组成，以十字形交叉重叠，使翼膜更加坚韧。部分大型翼龙的骨头内有空腔，显示它们可能具有类似现代鸟类的呼吸系统。翼膜上的软组织结构也显示，翼龙的呼吸系统延伸入翼膜。综上所述，翼龙的翼膜结构复杂，可能让它们具备了高超的飞行能力。

独特的毛状结构

尽管尚未发现翼龙具有真正的羽毛，但它们的体表至少有部分覆盖了独特的毛状结构。这些毛与哺乳动物的毛发相似，但又不完全相同，有自身特殊的结构。翼龙演化出毛状结构可能基于飞行和保暖的需要，也表明它们可能属于温血动物。

带有软组织痕迹的翼龙化石

喙嘴龙是一种长尾翼龙，在这个喙嘴龙化石上可以看见翼膜结构

飞行方式的争议与假说

翼龙会采取什么样的飞行方式，这一问题在科学界还未取得共识。曾有古生物学家根据大型海鸟的数据推测翼龙无法飞行，也有研究认为高氧环境有利于它们飞行，但这些研究都是基于现代鸟类来推测的。

最近有古生物学家根据翼龙的独特肢体结构，提出“弹射起飞”假说，认为翼龙以四肢发力，采取弹射式起飞，飞行速度可达每小时120千米，但这个假说还需进一步证实。